U0211946

职业教育装配式建筑工程技术系列教材

装配式建筑施工技术

主编　高云河　黄冬梅　李　娜
主审　黎　卫

中国建筑工业出版社

图书在版编目（CIP）数据

装配式建筑施工技术 / 高云河，黄冬梅，李娜主编

— 北京 ：中国建筑工业出版社，2022.9

职业教育装配式建筑工程技术系列教材

ISBN 978-7-112-26970-9

Ⅰ. ①装… Ⅱ. ①高… ②黄… ③李… Ⅲ. ①装配式构件-建筑施工-高等职业教育-教材 Ⅳ. ①TU3

中国版本图书馆 CIP 数据核字（2021）第 266923 号

本教材分七个模块。模块一针对装配式建筑的发展历程进行讲述。模块二认识装配式建筑构件制作中需要准备的构配件并进行检验。模块三针对装配式建筑中典型的水平构件——叠合板，典型的竖直构件——外墙板的制作工艺流程进行叙述。模块四讲解构件的运输与存放。模块五针对现场构件安装前准备工作进行讲解。模块六讲解构件安装与验收。模块七将施工过程中用到的 BIM 管理技术和安全生产管理要求进行梳理。

本教材可作为高等职业土木建筑大类相关专业学生学习装配式混凝土结构建筑施工知识和技能训练外，教材采用活页式，并按工作过程顺序编写，也可作为相关工程技术人员工作参考使用。

为方便教学，作者自制课件资源索取方式为：1. 邮箱：jckj@cabp. com. cn；2. 电话：（010） 58337285；3. 建工书院：http：//edu. cabplink. com。

责任编辑：司 汉

责任校对：姜小莲

职业教育装配式建筑工程技术系列教材

装配式建筑施工技术

主编 高云河 黄冬梅 李 娜

主审 黎 卫

*

中国建筑工业出版社出版、发行（北京海淀三里河路 9 号）

各地新华书店、建筑书店经销

北京鸿文瀚海文化传媒有限公司制版

北京市密东印刷有限公司印刷

*

开本：787 毫米×1092 毫米 1/16 印张：11¾ 字数：285 千字

2023 年 6 月第一版 2023 年 6 月第一次印刷

定价：**49.00** 元（赠教师课件）

ISBN 978-7-112-26970-9

（38777）

国家“双高计划”建筑室内设计高水平专业群
国家级职业教育教师教学创新团队“装配式建筑工程技术”专业
教材编审委员会

主　任：黎　卫

副主任：蒙良柱　吴代生　宁　婵　杨佳佳　韦素青
黄　雷　王宇平　朱正国　杨智慧　高云河
何　谊　钟继敏　苏　彬

委　员（按姓氏笔画为序）：
王　静　王唯佳　韦才师　邢耀文　刘　勇
刘　萍　刘永娟　李　娜　李立宁　李国升
张　龙　练祥宇　胡　博　钟吉华　莫振安
翁素馨　郭　杨　唐祖好　唐誉兴　黄晓明
黄耀义　谢　芮　谢梅俏　熊艺媛

序　言

"培养新时代德技并修的高素质技术技能人才"（摘自《教育部关于学习宣传贯彻习近平总书记重要指示和全国职业教育大会精神的通知》）是当前国家对职业教育人才培养的根本要求。从我国当前的高等职业教育发展和建设的基本任务和目标要求出发，本系列教材围绕产业和经济社会发展，深化"岗课赛证融通"技术技能人才培养体系，建设出版一套新时期基于"岗课赛证"融通的（装配式建筑工程技术专业类）高职新形态教材，使高职院校土建类相关专业能更好的推进"三教改革"，提高教学质量和人才培养质量。

本系列教材由国家"双高计划"高水平专业群教学团队、国家级职业教育教师教学创新团队及企业共同建设。由国家"双高计划"建筑室内设计高水平专业群教学团队（国家级职业教育教师教学创新团队）牵头，联合浙江建设职业技术学院、黄冈职业技术学院、威海职业学院等院校的国家级职业教育教师教学创新团队，与企业深入合作和探讨，研究基于"岗课赛证"融通的模块化课程开发、模块化教材编写，探索实施适用于装配式建筑工程技术专业（群）的高职新形态教材的建设方法与途径，实践应用效果良好。

本系列教材的出版，希望能为新时期高职教育土木建筑大类相关专业的"三教改革"提供示范案例，为我国当前正在开展的"岗课赛证融通"综合育人研究提供一些研究与实践借鉴。

[签名]

二级教授

国家级高等学校教学名师

国家"万人计划"教学名师

享受国务院政府特殊津贴专家

前　言

本教材的整体是按发挥教材的“课证融通，赛训融合”的四位一体功能进行知识内容和技能训练的思路进行编写。

本教材注重内容与岗位工作的对接。部分建筑工程技术等专业毕业生在装配式混凝土构件生产、施工和监理等企业工作，具体岗位主要有装配式建筑构件生产管理人员、质检员、施工员、安全员等技术和管理岗位，在这些岗位的工作需要掌握装配式混凝土结构构件制作、检验与安装，会进行相应的质量控制和安全管理。因此，本教材根据课程与岗位对接情况，设置相应任务模块，整合相应知识点和技能点。

本教材简介

本教材分为七个模块：模块一针对装配式建筑的发展过程描述，完成学习者对装配式建筑认知的功能，为继续学习提供知识借鉴；模块二针对装配式建筑构件制作中需要准备的构配件进行认识和检验，为施工准备工作提供材料保障；模块三针对装配式建筑中典型的水平构件——叠合板、典型的竖直构件——外墙板的制作工艺流程进行讲述，完成构件制作过程和质量要求的讲解；模块四讲述构件吊装、运输与存放，明确相关要求；模块五针对现场构件安装的准备工作要求进行讲述，保障后续构件安装质量和安全；模块六针对结构构件安装工艺流程的相关要求进行讲述，并将相关质量验收纳入其中，保证安装的质量；模块七将施工过程中用到的 BIM 管理技术和安全管理要求进行梳理，保证装配式建筑施工的准确性和安全性。

本教材结合“1＋X”装配式建筑构件制作与安装职业技能等级证书标准，内容紧扣标准，既达到知识学习，也能开展技能训练对参赛的人员具有指导意义。

本教材主审为国家教学名师黎卫教授；主编为南宁职业技术学院高云河、黄冬梅、李娜；副主编为胡博、韦素青、朱正国、王静、黄雷、黄冬华；庾迎辉、唐誉兴、文博、李立宁、郭杨、马丛鑫、王斌斌参与本教材的编写。

未来，随着我国装配式建筑产业的大力发展，不仅人才需求逐步扩大，相应的装配式建筑技术也不断创新。因此，教材编写采用模块任务化形式编写，有利于后续由于技术更新教材能及时升级。

限于作者水平和编写时间有限，难免有些疏漏，敬请广大读者理解并批评指正。

目　录

模块一 Modular 01

装配式建筑发展认知

一、知识目标

了解建筑产业化的概念、装配式建筑的概念、目前国内外装配式建筑发展历史；了解装配式建筑结构体系种类，各结构体系优缺点及应用领域；掌握装配率指标内涵，学会装配率指标基本计算方法和计算依据；了解装配式建筑发展趋势。

二、能力目标

掌握装配式建筑发展历史，学会计算装配率指标基本计算方法和计算依据；掌握装配式建筑的主要连接方式以及各连接方式应用环境。

三、素养目标

通过学习装配式建筑发展历程，熟悉我国装配式建筑现状和发展优势，培养学生树立装配式建筑在我国发展的信心，增强对国家建设的责任感和使命感。

四、1+X技能等级证书考点

1. 了解国内装配式建筑发展历程；
2. 认识装配式建筑种类、优缺点；
3. 了解装配式建筑国内外发展情况。

1.1 模块一 装配式建筑发展认知

装配式建筑通过现代化的制造、运输、安装和科学管理的大工业生产方式，代替传统建筑业中分散、低水平、低效率的手工业生产方式。装配式建筑基本内涵是以绿色发展为理念，以技术进步为支撑，以信息管理为手段，运用装配式的生产方式，将工程项目的全过程形成一体化产业链。它的主要标志是建筑设计标准化、构配件生产工厂化、建筑施工机械化和组织管理科学化。

建筑装配式的基本内容包括先进、适用的技术、工艺和装备，科学、合理地组织施工：提高机械化水平，减少繁重、复杂的手工劳动和湿作业；发展建筑构配件、制品、设备生产，为建筑市场提供各类通用的建筑构配件和制品；制定统一的建筑模数和重要的基础标准（如模数协调、公差与配合、合理建筑参数、连接等），合理解决标准化和多样化的关系，建立和完善产品标准、工艺标准、企业管理标准、工法等，不断提高建筑标准化水平；采用现代管理方法和手段，优化资源配置，实行科学的组织和管理，培育和发展技术市场和信息管理系统，适应中国特色社会主义市场经济发展的需要。

装配式建筑具有以下特征：①设计和施工的系统性；②施工过程和施工生产的重复性；③建筑构配件生产的批量化。

实现建筑装配式发展应从设计开始，建立新型结构体系，包括钢结构体系、预制装配式结构体系，让大部分的建筑构件实行工厂化作业，减少施工现场作业。施工上从现场浇筑向预制构件、装配式方向发展，建筑构件以工厂化生产制作为主。与传统建筑相比，装配式建筑具有如下特点：

（1）建筑品质好：自动化流水线和现代数控技术提供了稳定的制造环境，按照质量检验标准严格控制产品出厂质量，尺寸偏差小、施工误差小，基本消除了传统施工中常见工程质量问题；构件外观平整，将建筑功能、施工预埋、水电预埋在工厂内集中考虑，以优化设计；可采用各种轻质隔墙分割室内平面，灵活布置房间，为建筑设计提供空间。

（2）施工速度快：不受作业面和外界环境的影响，可以成批次重复制造；减少现场湿作业和模板作业，缩短工期；大量的施工工序由露天转到工厂，这样一方面减少了人工成本，另一方面便于提高工人熟练程度，提高劳动生产效率，从而缩短生产周期。

（3）施工方便：装配式建筑在施工现场的作业主要是采用专业吊装机械进行吊装、固定、安装，只需合理地组织施工顺序即可快速完成建筑物的建造。

（4）节约成本：通过采用工业化生产方式，预制率达到90%以上时，施工现场模板用量减少85%以上、脚手架用量减少50%以上、钢材节约2%、混凝土节约7%，抹灰人工费节约50%，节水40%以上、节电10%以上、耗材节约40%。

（5）节能降耗：减少施工现场对煤炭、土地等基础资源的消耗，采用复合夹心保温墙板技术可提高建筑外墙的热工性能，在设计和生产阶段能够不断进行优化，充分循环利用建筑废水、废料。

（6）保护环境：现场湿作业和模板作业大大减少，相应地减少了施工现场的污水废料排放、扬尘以及噪声污染，施工方式更为绿色、环保。

装配式建筑根据结构形式可分为装配式混凝土结构、装配式钢结构和装配式木结构。其优点是建造速度快，受气候条件制约小，既可节约劳动力，又可提高建筑质量。

装配式建筑采用标准化构件，通过应用大型工具进行生产和施工等建造。建造方式分为工厂化建造和现场建造两种。工厂化建造方式是指采用构配件定型生产的装配施工方式，按照统一标准定型设计，在工厂内成批生产各种构件，然后运到工地，在现场以机械化的方法装配成房屋的施工方式。现场建造方式是指直接在现场生产构件、组装构件，生产与装配过程合二为一，但是在整个过程中仍然采用工厂内通用的大型工具和生产管理标准。

任务一 装配式建筑发展历史认知

（一）国外发展历史认知

20 世纪 50 年代，欧洲受到第二次世界大战的严重创伤，对建设住宅的需求非常大。为解决“房荒”问题，欧洲一些国家采用了工业化方式建造了大量住宅，形成了一套完整的、标准的、系列化的住宅体系，并延续至今。20 世纪 60 年代，住宅建筑工业化的高潮遍及欧洲各国，并发展到美国、加拿大、日本等经济发达国家。瑞典是世界上住宅工业化最发达的国家，其 80%的住宅采用以通用部件为基础的住宅通用体系；在美国现在有 34 家专门生产单元式建筑的公司；在住宅的结构体系上，也已开发出木结构、钢结构、钢筋混凝土结构的工厂化生产体系，并不断提高住宅产品的性能指标。

随着科学技术的不断提高，社会对住宅的需求经历了一个“注重数量→数量与质量并重→质量第一→个性化、多样化、高环境质量”的发展阶段。

1. 美国

美国早期的装配式建筑外形比较呆板，千篇一律。17 世纪美洲移民时期所用的木构架拼装房屋，就是一种装配式建筑。美国在 20 世纪 70 年代，恰逢第一次能源危机，建筑界开始致力于实施配件化施工和机械化生产；美国国会于 1976 年通过了《国家产业化住宅建造及安全法案》；同年在严厉的联邦法案指导下美国住房和城市发展部（HUD）出台了一系列严格的行业标准。其中 HUD 强制性规范《制造装配住宅建造和安全标准》一直沿用至今，并与后来的美国建筑体系逐步融合。美国城市住宅结构基本上以工厂化、混凝土装配式和钢结构装配式为主，降低了建设成本，提高了工厂通用性，增加了施工的可操作性。总部位于美国的预制与预应力混凝土协会（PCI），编制的《PCI 设计手册》就包括了装配式结构相关的部分。该手册不仅在美国，乃至在国际上都具有非常广泛的影响力。

2. 法国

法国是世界上推行装配式建筑最早的国家之一，在 1891 年就已实施了装配式混凝土的建设，迄今已有 130 年的历史。法国装配式建筑的特点：①以预制装配式混凝土结构为主，构造体系中预应力混凝土装配式框架结构体系装配率达到 80%；②以钢、木结构体系为辅，多采用框架或板柱体系，并逐步向大跨度发展。法国建筑工业化呈现的特点是：①焊接连接等干法作业流行；②结构构件与设备、装修工程分开，减少预埋，使得生产和施工质量提高；③主要采用预应力混凝土装配式框架结构体系，在装配率达到 80%同时，减少脚手架用量 50%，节能可达到 70%。

3. 德国

德国主要采用叠合板混凝土剪力墙结构体系，剪力墙板、梁、柱、楼板、内隔墙板、外挂板、阳台板、空调板等构件采用预制与现浇混凝土相结合的建造方式，并注重保温节能特性。德国是世界上建筑能耗降低幅度发展最快的国家，并在近几年提出零能耗的被动式建筑。从大幅度的节能到被动式建筑，德国都采取了装配式的住宅来实施，这就需要装配式住宅与节能标准相互之间充分融合。目前德国已发展成系列化、标准化的高质量、节能的装配式住宅生产体系。

4. 英国

1998年英国政府委托建筑领域的业主完成的一份被称作“建筑生产反思”的报告中明确提出了英国建筑生产领域需要通过新产品开发、集约化组织、工业化生产以实现下列具体目标：成本降低10%、时间缩短10%、可预测性提高20%、缺陷率降低20%、事故发生率降低20%、劳动生产率提高10%，最终实现产值利润率提高10%。为此，英国掀起了一场建筑领域生产方式的革命。单元式建筑得到了较快的发展。单元式建筑是事先设计、再在工厂制作符合设计标准规格的单元式建筑，最后运至现场进行安装。

5. 瑞典和丹麦

瑞典和丹麦早在20世纪50年代开始就已有大量企业开发了混凝土、板墙装配的部件。目前，新建住宅之中通用部件占到80%，既满足多样性的需求，又达到了50%以上的节能率，这种新建建筑比传统建筑的能耗有大幅度的下降。丹麦是一个将模数法制化应用在装配式住宅的国家，国际标准化组织出台《模数协调标准》即以丹麦的标准为蓝本编制。故丹麦推行建筑工程化的途径实际上是以产品目录设计为标准的体系，使部件达到标准化，然后在此基础上，实现多元化的需求，所以丹麦建筑实现了多元化与标准化的和谐统一。

6. 日本

日本于1968年提出装配式住宅的概念。在1990年，日本采用部件化、工厂化生产方式，提高生产效率，实现住宅内部结构可变，适应多样化的需求。而且日本有一个非常鲜明的特点，从一开始就追求中高层住宅的配件化生产体系。这种生产体系能满足日本人口比较密集的住宅市场的需求，更重要的是，日本通过立法来保证混凝土构件的质量，在装配式住宅方面制定了一系列的方针政策和标准，同时也形成了统一的模数标准，解决了标准化、大批量生产和多样化需求这三者之间的矛盾。日本的标准包括建筑标准法、建筑标准法实施令、国土交通省告示及通令、协会（学会）标准、企业标准等，涵盖了设计、施工等内容，其中由日本建筑学会制定了装配式结构相关技术标准和指南。1963年成立日本预制建筑协会在推进日本预制技术的发展方面做出了巨大贡献，该协会先后建立PC工法焊接技术资格认证制度、预制装配住宅装潢设计师资格认证制度、PC构件质量认证制度、PC结构审查制度等，编写了《预制建筑技术集成》丛书，包括剪力墙预制混凝土、剪力墙式框架预制钢筋混凝土及现浇同等型框架预制钢筋混凝土等。建造的预制混凝土结构经受住了1998年阪神7.3级大地震的考验。

7. 新加坡

新加坡自20世纪90年代初开始尝试采用预制装配式建筑，开发出15～30层的单元化的装配式住宅，现已发展较为成熟。预制构件包括梁、柱、剪力墙、楼板（叠合板）、楼梯、内隔墙、外墙（含窗户）、走廊、女儿墙、设备管井等，占全国总住宅数量的80%以上。通过平面的布局，部件尺寸和安装节点的重复性来实现标准化，以设计为核心，将设计和施工过程的工业化之间配套融合，使装配率达到70%。

发达国家和地区装配式住宅发展大致经历了三个阶段：第一阶段是工业化形成的初期阶段，重点建立工业化生产（建造）体系；第二阶段是工业化的发展期，逐步提高产品（住宅）的质量和性价比；第三阶段是工业化发展的成熟期，进一步降低了住宅的物耗和环境负荷，发展资源循环型住宅。发达国家的实践证明，利用工业化的生产手段是实现住宅建设低能耗、低污染，达到资源节约、提高品质和效率的根本途径。

（二）国内装配式建筑发展历史认知

我国预制混凝土构件行业已有近60年的历史。20世纪50年代，我国完成了第一个五年计划，建立了工业化的初步基础，开始了大规模的基本建设，建筑工业快速发展。1956年，国务院发布了《关于加强和发展建筑工业的决定》，在中华人民共和国成立之后首次提出了“三化”（设计标准化、构件生产工厂化、施工机械化），明确了装配式建筑的发展方向。这一时期的成就体现在三个方面：一是装配式建筑技术体系初步创立；二是预制构件生产技术快速发展；三是住宅标准化设计推进工作成效显著。

20世纪50年代末到60年代中期，装配式混凝土建筑出现了第一次发展高潮。1959年引入的苏联拉姑钦科薄壁深梁式装配式混凝土大板装配式建筑，以3～5层的多层居住建筑为主建成面积的约90万m^2，其中北京约50万m^2。

20世纪70年代末到80年代末，我国进入住宅建设的高峰期，装配式混凝土建筑迎来了它的第二个发展高潮，并进入迅速发展阶段。此阶段的装配式混凝土建筑，以全装配大板居住建筑为代表，包括钢筋混凝土大板、少筋混凝土大板、振动砖墙板、粉煤灰大板、内板外砖等多种形式。总建造面积约7007万m^2。这一时期的装配式大板建筑主要借鉴苏联和东欧的技术，由于技术体系、设计思路、材料工艺及施工质量等多方面原因导致了许多问题，主要表现在：

（1）20世纪80年代末期，中国进入市场经济，大批进城务工人员开始涌入，他们作为廉价的劳动力步入建筑业，随着商品混凝土的兴起，原有的预制构件缺少性价比的优势。

（2）原有的装配式大板建筑由于强调全预制，结构的整体性能主要通过剪力墙体的对正贯通、规则布置来实现，使得建筑功能欠佳；体型、立面和户型单一。住宅建筑在市场化的新形势下，原有的定型产品不能满足建筑师和居民对住宅多样化的要求。

（3）受当时的技术、材料、工艺和设备等条件的限制，已建成的装配式大板建筑的防水、保温隔热、隔声等物理性能问题开始显现，渗、漏、裂、冷等问题引起居民不满。

20世纪末，由于劳动力数量下降和成本提高，以及建筑业“四节一环保”的可持续发展要求，装配式混凝土建筑作为建筑产业现代化的主要形式，又开始迅速发展。同时，设计水平、材料研发、施工技术的进步也为建筑式混凝土结构的发展提供了有利条件。在市场和政府双重推动下，装配式混凝土建筑的研究和工程实践成为建筑业发展的新热点。为了避免重蹈20世纪80、90年代的覆辙，国内众多企业、院校、研究院所开展了比较广泛的研究和工程实践。在引入欧美、日本等发达国家的现代化技术体系的基础上，完成了大量的理论研究、结构试验研究、生产装备研究、施工装备和工艺研究，初步开发了一系列适用于我国国情的建筑结构技术体系。为了配合和推广装配式混凝土建筑应用，国家及地方出台了相应的技术标准和鼓励政策。

任务二 装配式建筑结构体系认知

装配式混凝土结构的主体结构，依靠节点和拼缝将结构连接成整体并同时满足使用和施工阶段的承载力、稳固性、刚性、延性要求。钢筋的连接方式有钢筋套筒灌浆连接、钢筋浆锚搭接连接、机械连接、搭接连接和焊接连接等。配套构件如门窗、有水房间的整体性技术以及安装装饰一次性完成的集成技术等也属于该类建筑的技术特点。

预制构件如何传力、协同工作是预制钢筋混凝土结构研究的核心问题，具体来说就是钢筋的连接与混凝土界面的处理。1960 年美国工程院院士、美籍华人余占疏博士发明了 Splice Sleeve（钢筋套筒连接器），首次在美国夏威夷 38 层的阿拉莫阿纳酒店的预制柱钢筋续接中应用，开创柱续接的刚性接头工艺技术先河，并在夏威夷的历次强烈地震中经受住了考验；日本 TTK 公司将其改良成较短的半灌浆钢筋套筒连接器。

自 2007 年以来，我国广大科技人员在前期研究的基础上做了大量试验和理论研究工作，如装配式混凝土框架节点抗震性能试验、预制剪力墙抗震试验和预制外挂墙板受力性能试验等，对装配式混凝土结构结合面的抗剪性能、预制构件的连接技术及纵向钢筋的连接性能进行了深入研究。2014 年，国内学者对装配式结构中占比较大的钢筋混凝土叠合楼板和钢筋套筒灌浆料密实性进行了研究。

装配式混凝土结构中的预制构件（柱、梁、墙、板）在设计方面，遵循“受力合理、连接可靠、施工方便、少规格、多组合”原则。在满足不同地域对不同户型需求的同时，建筑结构设计尽量标准化、模块化，以便实现构件制作的通用化。结构的整体性和抗倾覆能力主要取决于预制构件之间的连接，在地震、偶然撞击等作用下，整体稳固性对装配式结构的安全性至关重要。结构设计中必须充分考虑结构的节点、拼缝等部位的连接构造的可靠性。同时装配式混凝土结构设计要求装饰装修设计与建筑设计同步完成，构件详图的设计应表达出装饰装修工程所需预埋件和室内水电的点位，以免因后期点位变更而破坏墙体。

从我国现阶段情况看，尚未达到全部构件的标准化，建筑的个性化与构件的标准化仍存在着冲突，装配式混凝土建筑的预制构件以设计图纸为制作及生产依据，设计的合理性直接影响项目的成本。发达国家经验表明，固定的单元模块也可通过多样化组合拼装出丰富的外立面效果，单元拼装的特殊视觉效果也许会成为装配式建筑设计的突破口，要通过不断发展实践，逐步实现构件、部品设计的模数化、标准化与通用化。

目前，国内装配式混凝土结构按照等同现浇结构进行设计。装配式混凝土建筑主要有剪力墙结构、框架结构、框架-剪力墙结构、框架-核心筒结构等。

（一）装配式剪力墙结构体系

全国有大批装配式剪力墙结构高层住宅项目，位于北京、上海、深圳、合肥、沈阳、哈尔滨、济南、长沙、南通等城市。

按照主要受力构件的预制及连接方式国内的装配式剪力墙结构可以分为：装配整体式剪力墙结构、叠合剪力墙结构和多层剪力墙结构。装配整体式剪力墙结构应用较多，适用的建筑高度大；叠合板剪力墙目前主要应用于多层建筑或者低烈度区高层建筑中；多层剪力墙结构目前应用较少，但基于其高效、简便的特点，在新型城镇化的推进过程中前景广阔。

此外，还有一种应用较多的剪力墙结构工业化建筑形式，即结构主体采用现浇剪力墙结构，外墙、楼梯、楼板、隔墙等采用预制构件，这种方式在我国南方部分省市应用较多，结构设计方法与现浇结构基本相同，装配率、工业化程度较低。

（二）装配式框架结构体系

相对于其他结构体系，装配式混凝土框架结构的主要特点是：连接节点单一、简单，结构构件的连接可靠并容易得到保证，方便采用等同现浇的设计概念；框架结构布置灵活，容易满足不同的建筑功能需求；结合外墙板、内墙板及预制楼板或预制叠合楼板应用，预制率可以达到很高水平，适合建筑工业化发展。

由于技术和使用习惯等原因，我国装配式框架结构的适用高度较低，适用于低层、多层建筑，其最大适用高度低于剪力墙结构或框架-剪力墙结构。因此，装配式混凝土框架结构在我国大陆地区主要应用于厂房、仓库、商场、停车场、办公楼、教学楼、医务楼、商务楼以及居住等建筑，这些结构要求具有开敞的大空间和相对灵活的室内布局，同时建筑总高度不高；目前装配式框架结构较少应用于居住建筑。相反，在日本等地区，框架结构则大量应用于包括居住建筑在内的高层、超高层民用建筑。

（三）装配式框架-剪力墙结构体系

装配式框架-剪力墙结构根据预制构件部位的不同，可分为预制框架-现浇剪力墙结构、预制框架-现浇核心筒结构、预制框架-预制剪力墙结构三种形式。

在预制框架-现浇剪力墙结构中，剪力墙部分为现浇结构，与普通现浇剪力墙结构要求相同。这种体系的优点是适用高度高，抗震性能好，框架部分的装配化程度较高。主要缺点是现场同时存在预制和现浇两种作业方式，施工组织和管理复杂、效率不高。

预制框架-现浇核心筒结构具有很好的抗震性能。但预制框架与现浇核心筒同步施工时，两种工艺施工造成交叉影响，施工难度较大；筒体结构先施工、框架结构跟进的施工顺序可大大提高施工速度，但这种施工顺序需要研究采用预制框架构件与混凝土筒体结构的连接技术和后浇连接区段的支模、养护等，这无疑增加了施工难度，降低了施工效率。这种结构体系应重点研究将湿连接转为干连接的技术，加快施工的速度。

目前，预制框架-预制剪力墙结构仍处于基础研究阶段，国内应用数量较少。

从技术体系角度看，我国目前还没有形成适合不同地区、不同抗震等级要求、结构体系安全、围护体系适宜、施工简便、工艺工法成熟、适宜规模推广的技术体系；涉及全装配及高层框架结构的研究与实践不足；装配式建筑减震隔震技术及高强材料和预应力技术有待深入研究和应用推广。

从结构设计角度看，我国主要借鉴日本的“等同现浇”的概念，以装配整体式结构为主，节点和接缝较多且连接构造比较复杂。由于装配式建筑仍处于发展初期，对材料技术和结构技术的基础研究不足。其实际使用效果、材料的耐久性、建筑外墙节点的防水性能和保温性能、结构体系抗震性能还没有经过较长时间的检验。

任务三　装配式建筑技术指标：装配率计算

（一）基本概念

（1）工业化建筑：采用以标准化设计、工厂化生产、装配化施工、一体化装修和信息化管理等为主要特征的工业化生产方式建造的建筑。

（2）预制率：工业化建筑室外地坪±0.000以上主体结构和围护结构中，预制构件部分的混凝土用量占对应部分混凝土总用量的体积比。

（3）装配率：工业化建筑中预制构件、建筑部品的数量（或面积）占同类构件或部品总数量（或面积）的比率。

（4）预制装配率：根据预制率与装配率的不同综合确定。

自2016年9月27日国务院办公厅发布《关于大力发展装配式建筑的指导意见》（国办发〔2016〕71号）文件后，各地陆续出台了发展装配式建筑的指导意见和相关配套措施。在国办发〔2016〕71号文件发布之后，住房和城乡建设部以及多地出台了全国和各地方的装配式建筑装配率计算细则（表1.3.1）：

全国和各地方装配式建筑装配率计算细则　　表1.3.1

序号	实施区域	颁布日期	发布单位	文号	标题
1	江苏省	2017.01	江苏省住房和城乡建设厅	苏建科〔2017〕39号	江苏省住房和城乡建设厅关于发布《江苏省装配式建筑预制装配率计算细则(试行)》的通知
2	石家庄市	2017.04	石家庄市住房和城乡建设局	石住建办〔2017〕116号	石家庄市住房和城乡建设局关于印发《石家庄市装配式建筑装配率计算办法(试行)》的通知
3	湖北省	2017.07	湖北省住房和城乡建设厅	鄂建文〔2017〕43号	湖北省住房和城乡建设厅关于印发《湖北省装配式建筑装配率计算规则(试行)》的通知
4	全国	2017.12	中华人民共和国住房和城乡建设部	中华人民共和国住房和城乡建设部公告第1773号	住房和城乡建设部关于发布国家标准《装配式建筑评价标准》的公告
5	重庆市	2021.01	重庆市城乡建设委员会	渝建科〔2021〕74号	重庆市城乡建设委员会关于印发《重庆市装配式建筑装配率计算细则(2021版)》的通知

注：顺序按文件颁布日期排列。

国家标准《装配式建筑评价标准》GB/T 51129—2017，对装配率计算提出了明确要求：本标准遵循以立足当前实际，适度面向发展，简化评价操作；充分结合各地装配式建筑实际发展情况；充分体现近年来各地在装配式建筑发展过程中形成的技术成果；充分体现标准的正向引导性。

以单体建筑作为装配式建筑装配率计算和评价单元，主要基于单体建筑可构成整个建筑活动的工作单元和产品，能全面、系统地反映装配式建筑的特点，具有通用性和可操作性。比如装配率计算及评价中，对于评价对象单体建筑的地上部分中，主楼和裙房可分开评价。因为裙房通常建筑面积较大，建筑使用功能不同，而且建筑主体结构形式存在较大差异。比如酒店，主体建筑是酒店公寓本身，裙房是商铺等，分开评价更科学，而且符合实际情况。为保证装配式建筑评价质量和效果，切实发挥评价工作的指导作用，装配式建筑评价分为预评价和项目评价。预评价宜在设计阶段进行，主要目的是促进装配式建筑设计理念尽早融入项目实施中。如果预评价结果满足控制项要求，评价项目可结合预评价过程中发现的不足，通过调整和优化设计方案，进一步提高装配化水平；如果预评价结果不满足控制项要求，评价项目应通过调整和修改设计方案使其满足要求。评价项目应通过工程竣工验收后再进行项目评价，并以此评价结果作为项目最终评价结果。

（二）计算方法

装配式建筑的装配率应根据表 1.3.2 中评价项得分值，按公式（1-1）计算：

$$Q=\frac{Q_1+Q_2+Q_3}{100-Q_4}\times 100\% \tag{1-1}$$

式中：Q——装配式建筑的装配率；

Q_1——承重结构构件指标实际得分值；

Q_2——非承重构件指标实际得分值；

Q_3——装修与设备管线指标实际得分值；

Q_4——评价项目中缺少的评价项分值总和。

装配式建筑评分计算表见表 1.3.2。

装配式建筑评分计算表　　表 1.3.2

评价项			评价要求	评价分值	最低分值
承重结构构件（Q_1）（50 分）	柱、支撑、承重墙、延性墙板等竖向承重构件	主要为混凝土材料	50%≤比例<80%	30～39*	30
			比例≥80%	40	
		主要为金属材料、木材及非水泥基复合材料等	全装配	40	40
	楼（屋）盖构件	梁、板、楼梯、阳台、空调板等	70%≤比例<80%	5～9*	5
			比例≥80%	10	
非承重构件（Q_2）（20 分）	外围护墙	非砌筑	比例≥80%	5	5
		墙体与保温（隔热）、装饰一体化	50%≤比例<80%	2～4*	—
			比例≥80%	5	
	内隔墙	非砌筑	比例≥50%	5	5
		墙体与管线、装修一体化	50%≤比例<80%	2～4*	—
			比例≥80%	5	

续表

评价项		评价要求	评价分值	最低分值
装修与设备管线(Q_3)（30分）	全装修	—	5	5
	干式工法楼（地）面	比例≥70%	6	—
	集成卫生间	比例≥70%	6	—
	集成厨房	比例≥70%	6	—
	管线与结构分离	比例≥70%	7	—

注：表中带“*”项的分值采用“内插法”计算，计算结果取小数点后一位。

各部位的详细计算方法详见《装配式建筑评价标准》GB/T 51129—2017的相关规定。

（三）评价与等级划分

当项目主体结构竖向构件中预制部品部件的应用比例不低于35%，且同时满足下列的规定，可进行装配式建筑等级评价：

（1）主体结构部分的评价分值不低于20分；

（2）围护墙和内隔墙部分的评价分值不低于10分；

（3）采用全装修；

（4）装配率不低于50%。

装配式建筑评价结果应划分为A级、AA级、AAA级，并应符合下列规定：

（1）装配率达到60%～75%时，评价为A级装配式建筑；

（2）装配率达到76%～90%时，评价为AA级装配式建筑；

（3）装配率达到91%及以上时，评价为AAA级装配式建筑。

（四）预制率与装配率计算书格式

××市装配式建筑项目
预制率和装配率计算书

（参考格式）

项目名称：__________________

建设单位：__________________

设计单位：__________________

日　　期：__________________

一、项目基本情况

项目位于________市________区，共有________栋塔楼，其中________栋________层、________层；________栋________层、________层实施装配式建筑。

________栋塔楼建筑高度________m，标准层层高________m；________栋塔楼建筑高度________m，标准层层高________m。

注：对于楼层不高、难以界定标准层的建筑（如别墅），可按单栋计算预制率和装配率。例如项目位于××市________区，共有________栋别墅，其中________栋至________栋实施装配式建筑。

（一）本项目采用预制构件种类

本项目采用预制构件种类有________________________，共________种。

如预制剪力墙、预制外挂墙板、预制叠合楼板、预制内隔墙板、预制阳台、预制楼梯段、预制叠合梁等。

（二）本项目采用定型装配式模板

本项目采用定型装配式模板是________________________，共________种。

如铝合金模板、大钢模模板、塑料模板等。

（三）本项目各标准层预制构件分布图

标准层预制构件分布不同，每种分布均应有分布图。

1. ×栋×层预制构件分布图

（略）

2. ×栋×～××层预制构件分布图

（略）

二、标准层预制率、装配率计算依据

××市关于预制率和装配率计算的相关文件。

三、预制率的详细计算

（一）主体和围护结构预制混凝土构件体积计算

1. ________体积计算（应填写具体构件，如预制外墙板、预制楼梯等）

（1）预制________构件，共________种，其三维示意图如下：

（略）

当某种类型的构件含有多种形状时，均应有示意图，并应分别编号及计算。

（2）预制构件体积计算：

1）预制________（构件名称）图示：

（略）

填写预制构件计算表（表 1.3.3）：

预制构件计算表　　表 1.3.3

构件名称	部位	长度 C(mm)	宽度 K(mm)	高度 G(mm)	体积 V_i(m³)	表面积 S(m²)
总量						

2）预制＿＿＿＿＿（构件名称）图示：
（略）
填写预制构件计算表（表 1.3.4）：

预制构件计算表　　表 1.3.4

构件名称	部位	长度 C(mm)	宽度 K(mm)	高度 G(mm)	体积 V_i(m³)	表面积 S(m²)
总量						

（3）标准层预制构件统计表（表 1.3.5）：

×栋×层预制构件统计表　　表 1.3.5

×～×层，共××层						
预制构件类型	预制构件编号	单一楼层数量	小计数量	单个构件体积(m³)	总体积(m³)	总表面积(m²)
合计	单一楼层					
	×个标准层					

（4）预制＿＿＿＿构件汇总统计表（表 1.3.6）：

×栋预制构件总统计表（共××层）　　表 1.3.6

楼层	预制构件数量	预制构件总体积(m³)	预制构件总表面积(m²)
×层			
×～××层			
××～××层			
合计			

标准层预制构件＿＿＿＿（构件名称）混凝土总体积 $V=$＿＿＿＿m^3。

2.＿＿＿＿体积计算（应填写具体构件，如预制外墙板、预制楼梯等，每种类型的构

件分别计算

（略）

3. 主体和围护结构预制混凝土构件统计表（表 1.3.7）

×栋主体和围护结构预制混凝土构件统计表　　表 1.3.7

×～××层，共××层					
楼层	预制构件数量	预制____构件体积(m³)	预制____构件体积(m³)	预制____构件体积(m³)	预制构件总体积(m³)
×层					
×～××层					
××～××层					
合计					

主体和围护结构预制混凝土构件总体积 $V=$ ________ m^3。

（二）非承重内隔墙预制混凝土构件体积计算

1. ×栋×层非承重内隔墙预制混凝土构件平面分布图和计算表

(1) 非承重内隔墙预制混凝土构件平面分布图（应标明墙段编号）：

（略）

(2) ×栋×层预制非承重内隔墙计算表格（表 1.3.8）：

×栋×层预制非承重内隔墙计算表格　　表 1.3.8

预制墙段编号	长度(mm)	宽度(mm)	高度(mm)	表面积(m²)	构件体积(m³)	标准层数量	标准层该构件总表面积(m²)	标准层该构件总体积(m³)
合计								

2. ×栋×～××层非承重内隔墙预制混凝土构件体积计算

(1) 非承重内隔墙预制混凝土构件平面分布图（应标明墙段编号）：

（略）

(2) ×栋×～××层预制非承重内隔墙计算表格（表 1.3.9）：

×栋×～××层预制非承重内隔墙计算表格　　表 1.3.9

预制墙段编号	长度(mm)	宽度(mm)	高度(mm)	表面积(m²)	构件体积(m³)	标准层数量	标准层该构件总表面积(m²)	标准层该构件总体积(m³)
合计								

3. ×栋非承重内隔墙预制混凝土构件体积统计表（表 1.3.10）

×栋非承重内隔墙预制混凝土构件体积统计表　　表 1.3.10

×栋×层，×栋×～××层，共××层		
楼层	各楼层非承重内隔墙预制混凝土构件体积(m^3)	单栋非承重内隔墙预制混凝土构件体积(m^3)
×层		
×～××层		
××～××层		
××层		

非承重内隔墙预制混凝土构件总体积 $V=$________ m^3。

(三) 现浇结构混凝土总体积计算

1. ×栋×层现浇剪力墙计算

(1) ×栋×层现浇剪力墙平面布置图（应标明剪力墙编号）：

(略)

(2) 现浇剪力墙计算表：

(同表 1.3.11)

2. ×栋×～××层现浇剪力墙计算（表 1.3.11）

×栋×～××层现浇剪力墙计算表　　表 1.3.11

剪力墙编号	长度(mm)	宽度(mm)	高度(mm)	表面积(m^2)	分部体积(m^3)	构件体积(m^3)	数量	标准层该构件表面积(m^3)	标准层该构件总体积(m^3)
总量									

(四) 标准层现浇梁计算

1. 标准层现浇梁平面布置图（梁编号）

(略)

2. 标准层现浇梁计算表（表 1.3.12）

(五) 标准层现浇板计算表（表 1.3.12）

标准层现浇板计算表　　表 1.3.12

梁编号	长度(mm)	宽度(mm)	高度(mm)	表面积(m^2)	体积(m^3)	标准层数量	标准层该梁表面积(m^3)	标准层该梁总体积(m^3)
总量								

（六）现浇结构混凝土总体积计算统计表（表 1.3.13）

×栋现浇混凝土总体积统计表　　表 1.3.13

×栋×层，×～××层，××层，共××层					
楼层	剪力墙部分	梁部分	楼板部分	总体积	单栋体积
×层					
×～××层					
××～××层					
××层					

×栋现浇混凝土总体积 $V=$ ________ m^3。

（七）标准层预制率计算表（表 1.3.14）

×栋预制率计算表　　表 1.3.14

×栋×～××层，共××层						
楼层	预制混凝土体积×系数 a	预制非承重内隔墙混凝土		现浇混凝土体积	标准层预制率	平均预制率
		体积×系数 b	是否大于 7.5%			
×层						
×～××层						
××～××层						
××层						

四、装配率的详细计算

装配率应分楼栋进行统计，各构件表面积计算，参考“三、预制率的详细计算”。

（一）主体和围护结构预制构件免除传统模板与混凝土接触面的表面积统计表（表 1.3.15）

×栋主体和围护结构预制构件免除传统模板与混凝土接触面的表面积统计表　　表 1.3.15

×～××层，共××层					
楼层范围	预制构件数量	预制××表面积（m^2）	预制××表面积（m^2）	预制××表面积（m^2）	预制构件总表面积（m^2）
×层					
×～××层					
××～××层					
合计					

（二）非承重内隔墙预制混凝土构件免除传统墙面抹灰的表面积统计表（表 1.3.16）

×栋非承重内隔墙预制混凝土构件免除传统墙面抹灰的表面积统计表　　表 1.3.16

×～××层，共××层		
楼层范围	单一楼层非承重内隔墙预制混凝土构件免除传统墙面抹灰的表面积(m^2)	单一楼栋非承重内隔墙预制混凝土构件免除传统墙面抹灰的总表面积(m^2)
×层		
×～××层		
××～××层		
××层		

（三）现浇结构采用定型装配式模板与混凝土接触面的表面积统计表（表 1.3.17）

×栋现浇结构采用定型装配式模板与混凝土接触面的表面积统计表　　表 1.3.17

×～××层，共××层				
楼层范围	剪力墙部分(m^2)	梁部分(m^2)	楼板部分(m^2)	总表面积(m^2)
×层				
×～××层				
××～××层				
××层				

（四）非混凝土构件（采用工厂生产、现场一体化装配安装的集成式厨房、卫生间）采用情况统计表（表 1.3.18）

×栋非混凝土构件（采用工厂生产、现场一体化装配安装的集成式厨房、卫生间）采用情况统计表

表 1.3.18

×～××层，共××层				
楼层范围	集成式厨房	集成式卫生间	是否全户型采用	装配率
×层				
×～××层				
××～××层				
××层				

（五）现浇结构采用传统木模板与混凝土接触面的表面积统计表（表 1.3.19）

×栋现浇结构采用传统木模板与混凝土接触面的表面积统计表　　表 1.3.19

×～××层，共××层				
楼层范围	墙部分(m^2)	梁部分(m^2)	楼板部分(m^2)	总表面积(m^2)
×层				
×～××层				
××～××层				
××层				

（六）标准层装配率计算表（表 1.3.20）

×栋标准层装配率计算表　　　　表 1.3.20

<table>
<tr><th colspan="11">×～××层，共××层</th></tr>
<tr><th rowspan="2">楼层范围</th><th rowspan="2">层数</th><th colspan="2">主体和围护结构预制构件免除传统模板与混凝土接触面的表面积</th><th colspan="2">非承重内隔墙预制混凝土构件免除传统墙面抹灰的表面积</th><th colspan="2">现浇结构采用定型装配式模板与混凝土接触面的表面积</th><th rowspan="2">现浇结构采用传统模板与混凝土接触面的表面积(m^2)</th><th rowspan="2">非混凝土构件（集成式厨房、集成式卫生间）装配率</th><th rowspan="2">标准层装配率</th><th rowspan="2">平均装配率</th></tr>
<tr><th>表面积(m^2)</th><th>系数 a</th><th>表面积(m^2)</th><th>系数 b</th><th>表面积(m^2)</th><th>系数 c</th></tr>
<tr><td>×层</td><td>×层</td><td></td><td></td><td></td><td></td><td></td><td></td><td rowspan="2"></td><td rowspan="2"></td><td></td><td rowspan="2"></td></tr>
<tr><td>×～××层</td><td>×层</td><td></td><td></td><td></td><td></td><td></td><td></td><td></td></tr>
</table>

五、结论

经计算，本项目________栋建筑塔楼实施装配式建筑，标准层的预制率为________，装配率为________；________栋建筑塔楼实施装配式建筑，标准层的预制率为________，装配率为________；预制率和装配率均符合××市装配式建筑预制率和装配率的要求。

任务四　常用连接技术认识

（一）钢筋套筒灌浆连接技术认知

1. 钢筋连接材料的基本要求

钢筋连接用灌浆套筒宜采用优质碳素结构钢、低合金高强度结构钢、合金结构钢或球墨铸铁制造，其材料的机械和力学性能应分别符合现行相关标准；钢套筒应符合行业标准《钢筋连接用灌浆套筒》JG/T 398—2019 的规定；球墨铸铁套筒应满足有关规定的要求。

预制剪力墙板纵向受力钢筋连接采用螺旋箍约束间接搭接、波纹管间接搭接时，所采用的预留孔成孔工艺、孔道形状及长度、灌浆料、节点加强约束箍筋和被锚固的带肋钢筋应满足现行标准规范的要求。

钢筋锚固板材料应符合行业标准《钢筋锚固板应用技术规程》JGJ 256—2011 的相关规定。

预制构件钢筋连接直螺纹、锥螺纹套筒及挤压套筒接头应符合行业标准《钢筋机械连接技术规程》JGJ 107—2016 的有关规定。

预制构件钢筋连接用预埋件、钢材、螺栓、钢筋以及焊接材料应符合国家标准《混凝土结构设计规范（2015 年版）》GB 50010—2010、《钢结构设计标准》GB 50017—2017 和行业标准《钢筋焊接及验收规程》JGJ 18—2012 等的相关规定。

当预制构件采用焊接钢筋网片时，宜避免在主受力方向搭接。若必须搭接，其搭接位置应设置在受力较小处且应满足行业标准《钢筋焊接网混凝土结构技术规程》JGJ 114—2014 的有关规定。

2. 钢筋灌浆套筒连接的发展历史和分类

装配式混凝土结构中，构件与接缝处的纵向钢筋根据接头受力、施工工艺等情况的不同，可选用钢筋套筒灌浆连接（浆锚搭接连接）、焊接连接、机械连接、绑扎连接等方式。

钢筋灌浆套筒连接是在金属套筒内灌注水泥基浆料，将钢筋对接连接所形成的机械连接接头。装配式建筑的连接材料主要有钢筋连接用灌浆套筒和灌浆料。

（1）钢筋灌浆套筒连接的发展历史

钢筋灌浆套筒连接是一种因工程实践的需要和技术发展而产生的新型连接方式。该连接方式弥补了传统连接方式（焊接、机械连接、螺栓连接等）的不足，得到了迅速的发展和应用。钢筋灌浆套筒连接是各种装配式混凝土结构的重要接头形式。

（2）钢筋灌浆套筒连接的分类

钢筋灌浆套筒是通过水泥基灌浆料的传力作用将钢筋连接固定的金属套筒，通常采用铸造工艺或者机械加工工艺制造，包括全灌浆套筒和半灌浆套筒两种形式。前者两端均采用灌浆方式与钢筋连接；后者一端采用灌浆方式与钢筋连接，而另一端采用非灌浆方式与钢筋连接（通常采用螺纹连接），如图 1.4.1 所示。

全灌浆接头是传统的灌浆连接接头形式，套筒两端的钢筋均采用灌浆连接，两端钢筋均是带肋钢筋；半灌浆接头是一端钢筋用灌浆连接，另一端采用非灌浆方法（例如螺纹连

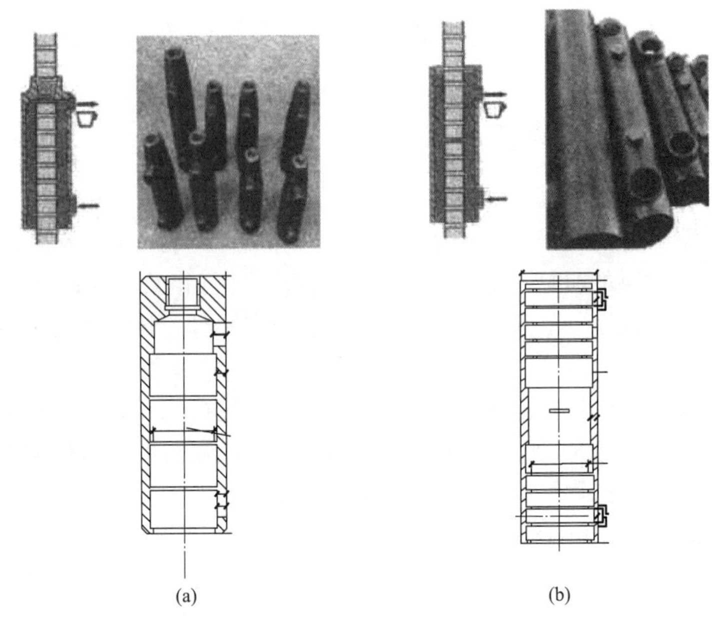

图 1.4.1 灌浆套筒剖面图

（a）半灌浆接头；（b）全灌浆接头

接）连接的接头。

（3）钢筋灌浆套筒接头的组成及连接原理

钢筋套筒连接接头由带肋钢筋、套筒和灌浆料三个部分组成。其主要连接原理是带肋钢筋插入套筒，向套筒内灌注无收缩或微膨胀的水泥基灌浆料，充满套筒与钢筋之间的间隙，灌浆料硬化后与钢筋的横肋和套筒内壁凹槽或凸肋紧密啮合，钢筋连接后所受外力能够有效传递，如图 1.4.2 所示，其类似钢筋机械连接。钢筋连接用灌浆套筒性能应符合《钢筋连接用灌浆套筒》JG/T 398—2019 的相关要求。

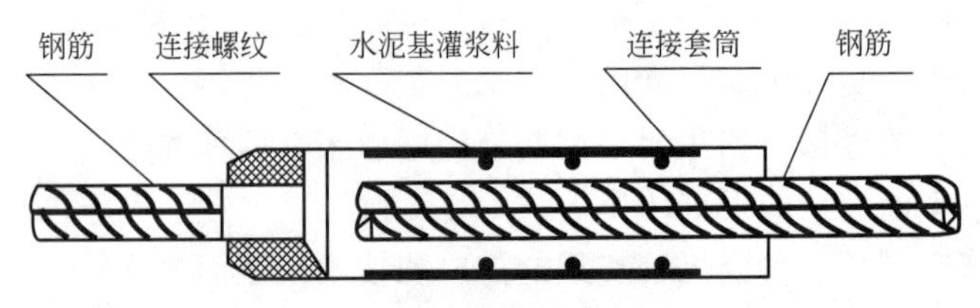

图 1.4.2 钢筋套筒连接接头剖面图

（4）钢筋灌浆套筒连接在装配式混凝土结构中的应用

1）灌浆套筒连接适用于装配式混凝土结构的预制剪力墙、预制柱等预制构件的纵向钢筋连接（图 1.4.3），也可用于叠合梁等后浇部位的纵向钢筋连接。

2）预制梁的横向受力钢筋同截面连接节点处，通常采用全灌浆接头（图 1.4.4）。

3）预制剪力墙（柱）采用灌浆套筒连接时，由于钢筋接头只能在同一水平截面连接。因此，接头性能必须达到钢筋机械连接接头的最高性能等级。按照行业标准《钢筋机械连接技术规程》JGJ 107—2016 的规定，钢筋灌浆套筒连接接头必须达到Ⅰ级性能指标。

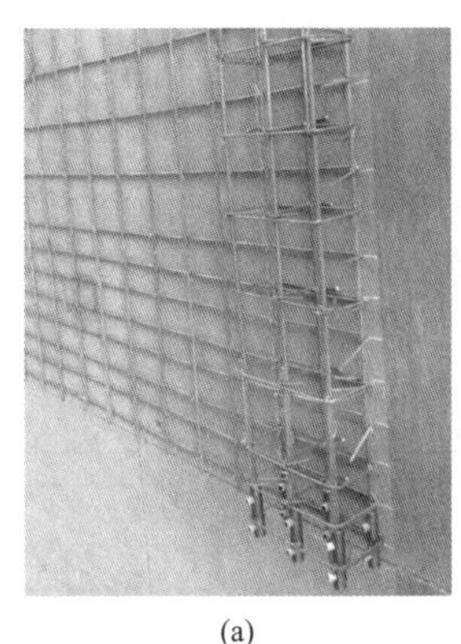
(a)

(b)

图 1.4.3 纵向灌浆套筒钢筋连接
（a）剪力墙灌浆套筒钢筋连接；（b）预制柱灌浆套筒钢筋连接

（5）钢筋灌浆套筒连接使用材料及技术要求

钢筋：采用灌浆套筒连接的钢筋，其屈服强度不应大于 500MPa，且抗拉强度不应大于 630MPa；普通钢筋宜采用 HRB400 和 HRB500 钢筋。

套筒：灌浆套筒连接接头在同截面布置时，接头性能应达到钢筋机械连接接头的最高性能等级，国内建筑工程的接头应满足《钢筋机械连接技术规程》JGJ 107—2016 的Ⅰ级性能指标。套筒的各项指标应符合《钢筋连接用灌浆套筒》JG/T 398—2019 的标准要求。

图 1.4.4 预制梁横向受力钢筋套筒连接

套筒采用铸造工艺制造时宜选用球墨铸铁；套筒采用机械加工工艺制造时宜选用优质碳素结构钢、低合金高强度结构钢、合金结构钢或其他经过形式检验确定符合要求的钢材。

采用球墨铸铁制造的套筒，材料应符合《球墨铸铁件》GB/T 1348—2019 的规定。

采用优质碳素结构钢、低合金高强度结构钢、合金结构钢加工的套筒，其材料机械性能应符合《优质碳素结构钢》GB/T 699—2015、《结构用无缝钢管》GB/T 8162—2018、《低合金高强度结构钢》GB/T 1591—2018 和《合金结构钢》GB/T 3077—2015 的规定。

套筒表面应刻印清晰、持久性标志；标志应至少包括厂家代号、套筒类型代号、特性代号、主参数代号及可追溯材料性能的生产批号等信息，套筒批号应与原材料检验报告、发货凭单、产品检验记录、产品合格证等记录对应。

产品出厂附带产品合格证，产品合格证内容应包括产品名称；套筒型号、规格；适用钢筋强度等级；生产批号；材料牌号；数量；检验结论；检验合格签章；企业名称、邮编、地址、电话、传真。

套筒的型号主要由类型代号、特征代号、主参数代号和产品更新变形代号组成。

（6）钢筋连接接头灌浆料

钢筋连接接头灌浆料是以水泥为基本材料，配以适当的细集料以及混凝土外加剂和其他材料组成的干混料，加水搅拌后具有良好的流动性、早强、高强、微膨胀等性能，填充于套筒和带肋钢筋间隙内。

钢筋连接用套筒灌浆料应符合《钢筋套筒灌浆连接应用技术规程》JGJ 355—2015 和《钢筋连接用套筒灌浆料》JG/T 408—2019 的有关规定。灌浆料技术性能要求可参见表 1.4.1。

灌浆料技术性能要求　　表 1.4.1

检测项目		性能指标
流动度	初始	≥300mm
	30min	≥260mm
抗压强度	1d	≥35MPa
	3d	≥60MPa
	28d	≥85MPa
竖向自由膨胀率(%)	3h	0.02～2
	24h 与 3h 差值	0.02～0.40
28d 自干燥收缩(%)		≤0.045
氯离子含量(%)		≤0.03
泌水率(%)		0

注：氯离子含量以灌浆料总量为基准。

交货时，生产厂家应提供产品合格证、使用说明书、产品质量检测报告。包装袋上应标明产品名称、净重量、生产厂家（包括单位地址、电话）、生产批号、生产日期等。

（二）钢筋浆锚搭接连接技术认知

浆锚搭接连接是基于粘结锚固原理进行连接的方法，其在竖向结构部品下段范围内，预留出竖向孔洞，孔洞内壁表面留有螺纹状粗糙面，周围配有横向约束螺旋箍筋。装配式构件将下部钢筋插入孔洞内，通过灌浆孔注入灌浆料，直至排气孔溢出停止灌浆；当灌浆料凝结后，将此部分连接成一体（图 1.4.5）。

剪力墙钢筋金属波纹管浆锚搭接连接如图 1.4.6 所示。

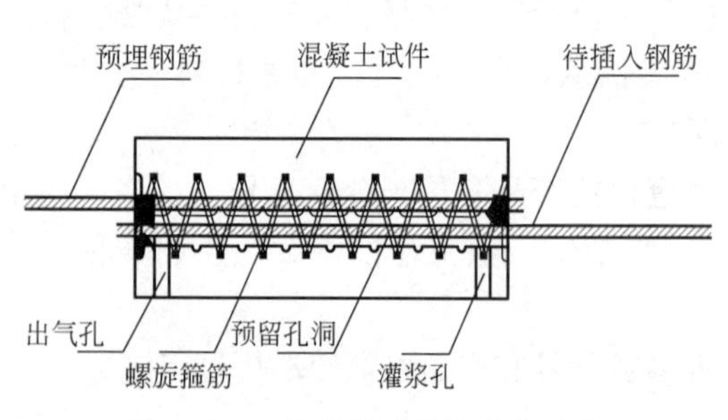

图 1.4.5　钢筋浆锚搭接连接示意

图 1.4.6　剪力墙钢筋金属波纹管浆锚搭接连接

钢筋浆锚搭接连接用灌浆料应采用专业厂家生产的水泥基灌浆料，其工作性能应符合表 1.4.2 的要求。

钢筋浆锚搭接连接工作性能　　表 1.4.2

项目		性能指标	试验方法
泌水率(%)		0	GB/T 50080
流动度(mm)	初始	≥200	GB/T 50080
	30min 保留值	≥150	
竖向膨胀率(%)	3h	≥0.02	GB/T 50448
	24h 与 3h 的膨胀值之差	0.02～0.5	
抗压强度(MPa)	1d	>35	GB/T 50448
	3d	≥55	
	28d	≥80	
氯离子含量(%)		≤0.06	GB/T 8077

浆锚搭接连接时，要对预留孔成孔工艺、孔道形状和长度、构造要求、灌浆料和被连接钢筋进行力学性能以及适用性试验验证。

其中，直径大于 20mm 的钢筋不宜采用浆锚搭接连接，直接承受动力荷载构件的纵向钢筋不应采用浆锚搭接连接。

浆锚搭接成本低、操作简单，但因结构受力的局限性，浆锚搭接一般只适用于房屋高度不大于 12m 或者层数不超过 3 层的装配整体式框架结构的预制柱纵向钢筋连接。

任务五 我国装配式建筑发展趋势认知

（一）我国装配式建筑未来的发展

目前，我国的工业化建筑体系尚处在专用体系的阶段，未达到通用体系的水平。只有实现在模数化规则下的设计标准化，才能实现构件生产的通用化，有利于提高生产效率和质量，有助于部件部品的推广应用。

（1）装配式建筑内装系统与结构系统、外围护系统、设备与管线系统一体化设计建造，促进建筑内装部品与建筑结构相统一的模数协调体系，推广装配式装修，达到加快施工速度、减少建筑垃圾和污染、实现可持续发展的目标。

（2）在保证整体结构安全性、耐久性的前提下，装配式混凝土结构预制构件间的连接技术应尽量简化连接构造，降低施工中不确定性对结构性能的影响。目前我国预制构件的连接方法主要还是采用钢筋套筒灌浆连接与浆锚连接两种。开发工艺简单、性能可靠的新型连接方式是装配式混凝土结构发展的需要。

（3）目前我国缺乏专门部门对部品进行相关认定，这既不利于保证部品及构件的质量，也不利于企业之间展开充分竞争。

（4）推进应用具有可改造性的 SI 住宅和百年住宅。SI（Skeleton-Infill）住宅是通过耐久年限较长的支撑体（Skeleton）和耐久年限较短的填充体（Infill）的分离，来实现填充体的可更新改造特质，以及提高住宅应对功能变化的适应性和建筑全寿命周期内的综合价值。百年住宅一般应满足六个基本条件：1）采用 SI 建筑体系及管线分离方式设计建造；2）建筑支撑体的结构耐久性设计年限达到 100 年；3）建筑填充体满足家庭全生命周期的使用要求；4）采用装配化装修的集成部品体系；5）住宅性能评价满足 3A 级；6）绿色建筑评价满足绿建三星的要求。

（5）统筹设计、生产、运输、安装、运维，实现全过程的协同。项目应采用基于建筑信息模型（BIM）的全生命周期管理信息技术，用标准化设计、工厂化生产、装配化施工、一体化装修、信息化管理、智能化应用，以满足建筑产业化的要求。部分省市已要求政府投资的装配式建筑项目的全过程采用建筑信息模型技术进行管理，应用结构工程与分部分项工程协同施工新模式。

（6）开展装配式被动式超低能耗高品质建筑示范，将装配式建筑集成智能建筑、绿色建筑、绿色施工、预应力混凝土等技术应用于实际工程中。如预制外挂墙板集成清水混凝土技术。

目前我国装配式混凝土结构处于快速发展期，这一时期仍应遵循稳中求进的原则，以严格技术要求进行控制，样板先行，然后在各个城市推广。应关注新型结构体系带来的外墙拼缝渗水、填缝材料耐久性不足、叠合板板底裂缝等非结构安全问题，总结经验，解决新体系下的质量常见问题。

（二）装配式建筑实行工程总承包的发展趋势

发展装配式建筑受到国家的高度重视，部分地区已呈现规模化发展态势，建筑产业现代化正迎来全新的历史机遇期。2016 年国务院办公厅印发了《关于大力发展装配式建筑的指导意见》（国办发〔2016〕71 号），为发展装配式建筑提出了八项重点任务和要求，提出装配式建筑原则上应采用工程总承包模式，并支持大型设计、施工和部品部件生产企业向工程总承包企业转型。工程总承包是推动装配式建筑发展的重要途径，势在必行。

现阶段我国发展装配式建筑离不开工程总承包管理模式。装配式建筑发展目前仍处于初期阶段，技术体系成熟的不多，社会化程度不高，大部分企业各方面能力不足，尤其是对传统模式和路径还具有很强的依赖性，如果用传统、粗放的管理方式来发展装配式建筑，难以实现预期的发展目标。

发展装配式建筑的出发点和落脚点，一方面是落实供给侧结构性改革和新型城镇化发展的要求，另一方面是解决我国建筑业发展长期存在的粗放增长问题，通过发展装配式建筑实现生产方式的变革，最终建立先进的技术体系、高效的管理体系以及现代化的产业体系，实现节能减排的战略目标。因此，必须从生产方式入手，注入和推行新的发展模式。工程总承包管理模式是现阶段发展装配式建筑、推进建筑产业化的有效途径。

1. 工程总承包的常用方式

工程总承包的方式有设计＋采购＋施工总承包（E＋P＋C）、设计＋采购＋施工管理总承包（E＋P＋CM）、设计＋施工总承包（D＋B）、设计＋采购总承包（E＋P）、采购＋施工总承包（P＋C）等方式。

（1）E＋P＋C 模式

设计＋采购＋施工总承包［E＋P＋C：Engineering（设计）＋Procurement（采购）＋Construction（施工）］是指工程总承包企业按照合同约定，承担工程项目的设计、采购、施工等工作，并对承包工程的质量、安全、工期、造价全面负责，是我国目前推行总承包模式最主要的一种。

交钥匙总承包是设计＋采购＋施工总承包业务和责任的延伸，最终是向业主提交一个满足使用功能、具备使用条件的工程项目。

（2）E＋P＋CM 模式

设计＋采购＋施工管理总承包［E＋P＋CM：Engineering（设计）＋Procurement（采购）＋Construction Management（施工管理）的组合］是国际建筑市场较为通行的项目支付与管理模式之一，也是我国目前推行总承包模式的一种。承包商通过业主委托或招标而确定，承包商与业主直接签订合同，对工程的设计、材料设备供应、施工管理进行全面的负责。根据业主提出的投资意图和要求，通过招标为业主选择、推荐最合适的分包商来完成设计、采购、施工任务。设计、采购分包商对承包商负责，而施工分包商则不与承包商签订合同，但接受承包商的管理，施工分包商直接与业主建立合同关系。因此，承包商无需承担施工合同风险和经济风险。当总承包模式实施一次性总报价方式支付时，承包商的经济风险被控制在一定的范围内，承包商承担的经济风险相对较小，获利较为稳定。

（3）D＋B 模式

设计＋施工总承包［D＋B：Design（设计）＋Build（施工）］是指工程总承包企业按照合同约定，承担工程项目设计和施工，并对承包工程的质量、安全、工期、造价全面负责。

根据工程项目的不同规模、类型和业主要求，工程总承包还可采用设计＋采购总承包

(E+P)、采购+施工总承包(P+C)等方式。

2. 装配式混凝土建筑采用工程总承包的必要性

首先，工程总承包是国际通行的建设项目组织实施方式。此外，用工程总承包管理模式发展装配式建筑，还可有效建立先进的技术体系和高效的管理体系，打通产业链的壁垒，解决设计、生产、运输、施工一体化问题，解决技术与管理脱节问题。

随着我国装配式建筑会快速发展，投资规模将日益增大，对工程工期、质量、经济效益、社会效益等方面的要求也会越来越高。作为一体化管理模式，工程总承包实现了设计、生产、运输、施工的一体化，有利于实现建造过程的资源整合、技术集成以及效益最大化，保证实现发展装配式建筑过程中生产方式转变升级的目标。通过工程总承包管理模式，装配式建造方式的作用得到了充分发挥，能真正把现有的成熟技术固化下来，进而形成系统的集成技术体系，打造工业化时代建筑企业的核心竞争力，实现全过程的资源优化和效益提升。

练习题

(一) 选择题

1. 装配式混凝土的简称是(　　)。

A. RC　　B. PVC

C. PC　　D. PPVC

2. 预制率按(　　)部位进行计算。

A. 地下室基础面以上　　B. 建筑室外地坪以上

C. 主体结构地上二层以上　　D. 地下一层以上

3. (　　)应用于空间要求较大的建筑，如商店、学校、医院等。

A. 装配式框架结构　　B. 装配式剪力墙结构

C. 装配式框架-剪力墙结构　　D. 装配式框架-核心筒结构

4. 装配式混凝土建造项目，应选择(　　)管理模式，最大限度上协调设计、生产、施工。

A. B+O+T 模式　　B. D+B 方式

C. 传统的项目管理模式　　D. E+P+C 总承包

5. 钢筋连接灌浆套筒是通过(　　)的传力作用将钢筋对接连接所用的金属套筒。

A. 水泥基灌浆料　　B. 石灰灌浆料

C. 石膏灌浆料　　D. 混凝土灌浆料

6. 钢筋连接灌浆套筒按照结构形式分类，分为(　　)和全灌浆套筒。

A. 1/4 灌浆套筒　　B. 小部分灌浆套筒

C. 半灌浆套筒　　D. 大部分灌浆套筒

7.《装配式混凝土结构技术规程》JGJ 1—2014 中规定一级抗震等级剪力墙以及二、三级抗震等级底层加强部位，剪力墙的边缘构件竖向钢筋宜采用(　　)连接。

A. 焊接　　B. 套筒灌浆　　C. 浆锚　　D. 绑扎

8. 为保证套筒内灌浆料对钢筋的锚固能力，灌浆套筒灌浆连接端钢筋锚固长度不宜小于（　　）倍钢筋直径。

A. 5　　B. 6　　C. 7　　D. 8

9. 为保证套筒灌浆腔对灌浆料的锚固能力，腔内设置的剪力槽两侧凸台轴向厚度不应小于（　　）mm。

A. 1　　B. 2　　C. 3　　D. 4

10. 国务院办公厅《关于大力发展装配式建筑的指导意见》（国办发〔2016〕71 号）中，“工作目标力争 10 年左右的时间，使装配式建筑占新建建筑面积的比例达到（　　）”。

A. 20%　　B. 30%　　C. 40%　　D. 50%

（二）填空题

1. ________是装配式混凝土结构设计与施工的关键，如何保证连接节点构造可靠是值得各方重视的技术环节。

2. 集成式卫生间由工厂生产的楼地面、顶棚、墙板和洁具设备及管线等集成并主要采用________装配完成的卫生间。

3. 住房和城乡建设部《关于进一步推进工程总承包发展的若干意见》（建市〔2016〕93 号）中明确，大力推进________________，有利于提升项目可行性研究和初步设计深度，实现设计、采购、施工等各阶段工作的深度融合，提高工程建设水平。

4. 装配式建筑设计应遵循________________原则。

5. 室内装修宜采用工业化构配件________________组装，从而减少________________。

模块二 Modular 02

装配式建筑配件认知和检验

一、知识目标

熟悉装配式建筑配件的种类和类型，熟悉相应配件性能要求，并根据配件类型选择正确的检验检测方法等，重点掌握配件质量检验方法。

二、能力目标

能根据图纸选择正确的配件；并选择正确的方法进行质量检测和验收。

三、素养目标

培养爱岗敬业，耐心细致的工作作风，按标准规范严谨的做事态度，努力工作，认真负责；能与同学团结协作，互相帮助、共同完成工作任务；诚实守信，乐于奉献；能正确开展相关工作。

四、1+X技能等级证书考点

熟练进行各种原料和构配件质量检查与验收。

2.1 模块二
装配式建筑配件
认知和检验

装配式混凝土结构中建筑配件主要包括金属吊装预埋件、临时支撑预埋件、夹心保温墙板连接件、阳台连接件等。装配式混凝土结构施工过程包括预制构件制作、预制构件运输与存放、预制构件安装与连接三个阶段。构件的吊装、临时支撑以及夹心保温墙板连接件的使用在整个施工过程中十分频繁，吊装贯穿各个施工环节，包括脱模起吊、翻转、运输起吊及现场安装吊装等；临时支撑主要应用于预制构件施工前的存放和安装环节；连接件不仅贯穿各个施工环节，在装配式建筑投入使用直至其达到使用寿命的过程中，都起到较为重要的作用。本章主要对金属吊装预埋件、临时支撑预埋件以及夹心保温墙板连接件的型号、规格、尺寸等进行介绍。

本模块围绕装配式建筑叠合板构件生产制作过程，对相关生产环节和质量、安全方面要求进行重点阐述。

任务一　配件分类认知

（一）金属吊装预埋件

在装配式建筑生产过程中要用到大量的金属吊装预埋件，由于缺乏相应标准，不同配件公司生产的吊装预埋件有较大差别。目前，市场上吊装预埋件的类型多，尺寸大小各不相同，极限荷载也存在很大差异，主要类型包括双头吊钉、内螺纹提升板件、提升预埋螺栓、压扁束口带横销套筒、扁钢吊钉等十余种，其中，工程中较为常用的类型有双头吊钉、内螺纹提升板件、提升预埋螺栓和压扁束口带横销套筒四种，本章主要对上述四种类型进行详细分类和说明。由于不同类型的金属吊装预埋件的受力机理差别较大，因此使用范围有所不同，常用金属吊装预埋件及使用范围见表 2.1.1。

常用金属吊装预埋件及使用范围　　表 2.1.1

吊装预埋件类型	适合吊装的构件类型
双头吊钉	墙、梁等构件
内螺纹提升板件	板类构件
提升预埋螺栓	墙、梁等构件
压扁束口带横销套筒	墙、梁等构件

1. 双头吊钉

双头吊钉由吊头、吊杆及底部墩头组成，如图 2.1.1 所示，适用于吊装墙、梁类构件（注：任务中的构件尺寸标注仅为示意）。

如图 2.1.2 所示，双头吊钉的吊装系统是由预埋于混凝土构件中的吊钉、与之相匹配的吊具和拆模器所组成的。吊钉作为预埋件，起到了承上启下的作用，通过合理、有效的产品设计，将荷载有效地传递至周边混凝土及附加钢筋，同时，再通过与之匹配的吊具将荷载传递至起重设备。拆模器配合模板作业可用来固定吊钉，以保证其安装位置符合设计要求。通常来说，拆模器和吊具在没有损坏且损耗很小的情况下，可按照脱模、储存、运输、装载和安装的正常顺序重复使用。

2. 内螺纹提升板件

内螺纹提升板件由带内螺纹的管件和底部局部放大端组成，如图 2.1.3 所示。施工内

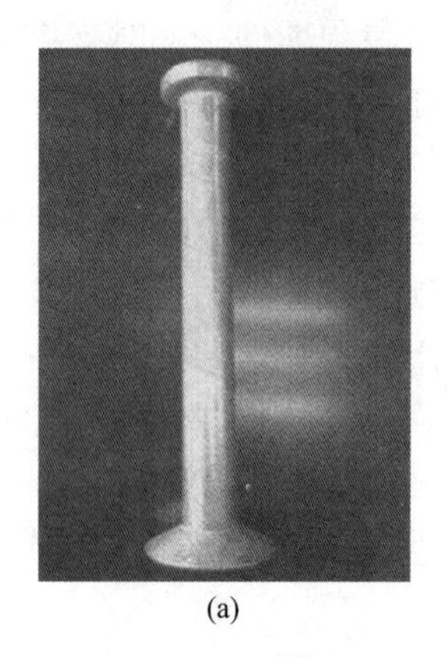

(a)

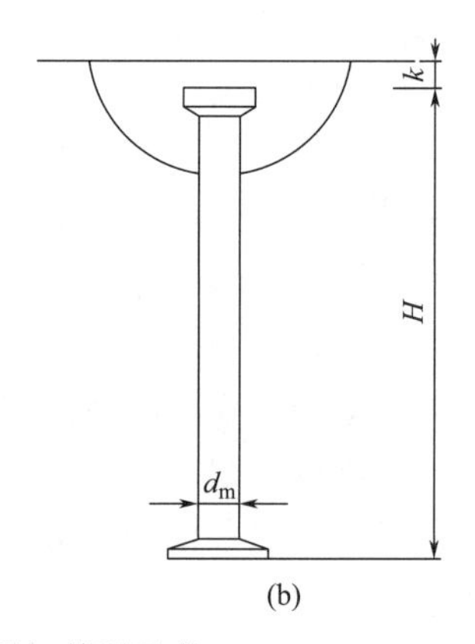

(b)

图 2.1.1 双头吊钉外形示意

(a) 双头吊钉照片；(b) 双头吊钉尺寸示意

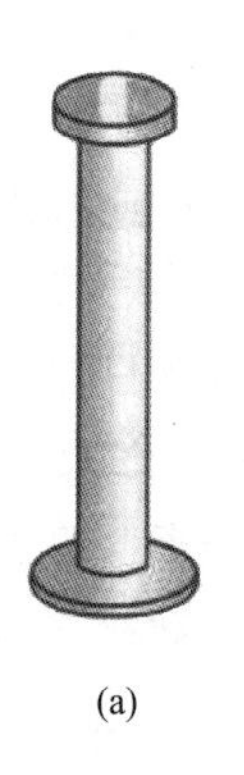

(a)

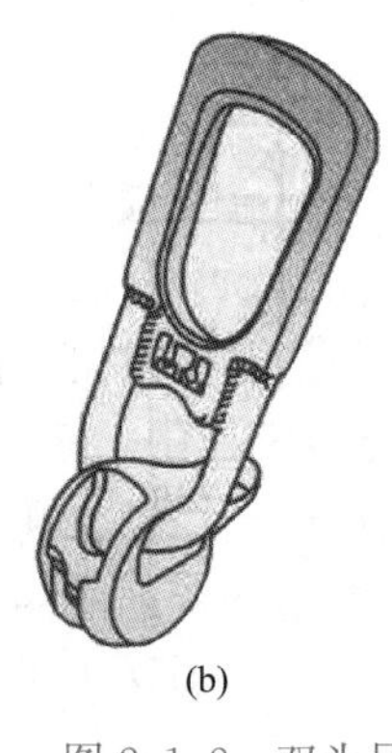

(b)

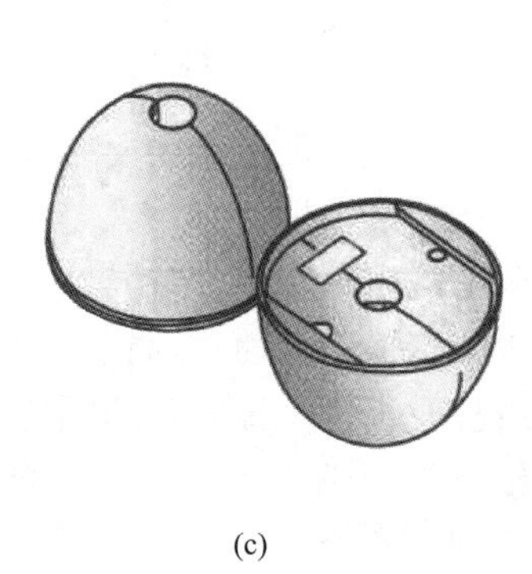

(c)

图 2.1.2 双头吊钉吊装系统

(a) 吊钉；(b) 吊具；(c) 拆模器

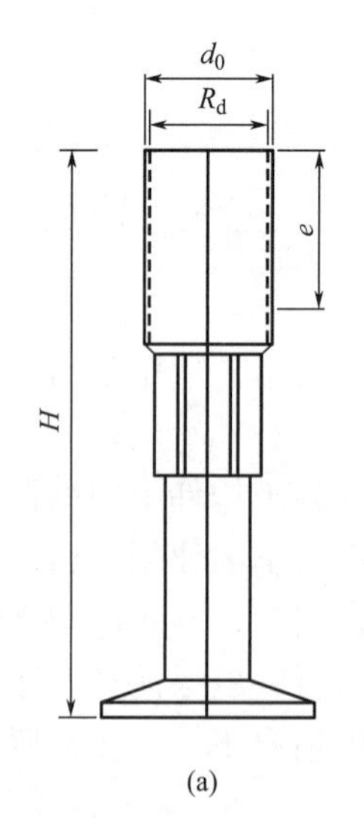

(a)

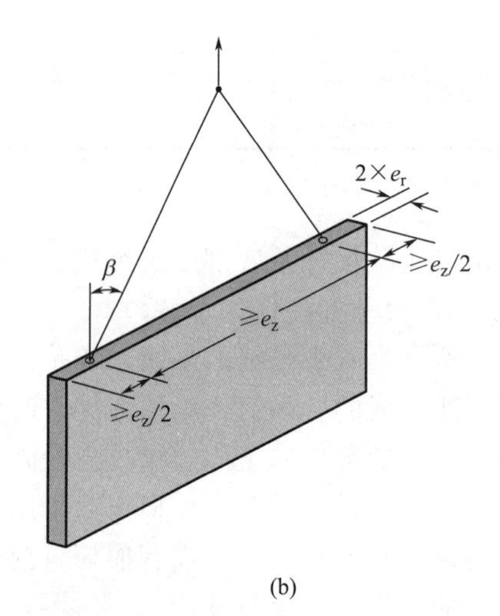

(b)

图 2.1.3 内螺纹提升板件外形示意

(a) 内螺纹提升板件尺寸示意；(b) 墙中吊点位置

螺纹提升板件整体预埋在预制构件中，内螺纹管件上表面与预制构件表面平齐，底部放大端提供一定的锚固承载力，剪切荷载主要由内螺纹管件承担。

3. 提升预埋螺栓

提升预埋螺栓（图 2.1.4）作为金属吊装预埋件，需要与附件钢筋同时使用，安装时宜先安装提升预埋螺栓至设计位置，固定之后，在内部穿入附加钢筋。

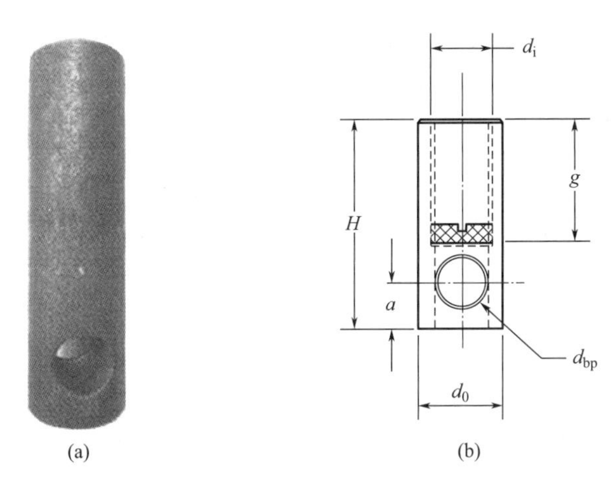

(a)　　(b)

图 2.1.4　提升预埋螺栓外形示意

（a）提升预埋螺栓照片；（b）提升预埋螺栓尺寸示意

4. 压扁束口带横销套筒

压扁束口带横销套筒是工程中常用的一种金属吊装预埋件，其外形示意如图 2.1.5 所示。该配件由带内螺纹的管件和两侧钢柱组成，施工后，套筒整体预埋在预制构件中，内螺纹管件上表面与预制构件表面平齐，预埋件与外部吊钩的连接采用螺纹连接，预埋件所承受的外部拉拔荷载主要由压扁束口带横销套筒两侧金属杆承担，剪切荷载主要由压扁束口带横销套筒承担。

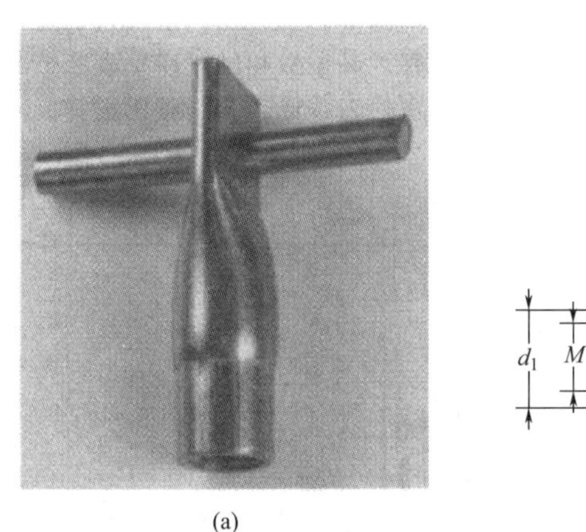

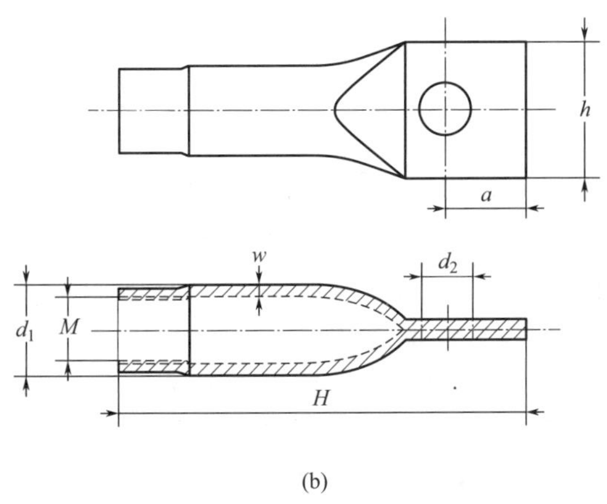

(a)　　(b)

图 2.1.5　压扁束口带横销套筒外形示意

（a）压扁束口带横销套筒照片；（b）压扁束口带横销套筒尺寸示意

图 2.1.6　墙板临时支撑

（二）临时支撑预埋件

装配式混凝土结构施工安装技术中，临时支撑系统是一个关系吊装能否成功，影响施工吊装安全和效率的重要因素。因此，如何合理设置临时支撑预埋件非常关键。

预制构件中的临时支撑预埋件通常与调节杆搭配使用，如图 2.1.6 所示。调节杆由内部节杆、外部调节杆、调节螺母和固定杆组成。其原理是内部调节杆插在外部调节杆，拔出内部调节杆，调至所需高度，通过内部调节孔和外部调节孔插入固定杆，旋转螺母形成支撑力。

1. 中型支撑预埋锚栓

中型支撑预埋锚栓由螺纹套筒挤压成型（底部），如图 2.1.7 所示。其锚固效果可靠、工艺简单，适用于承载力适中的中型支撑预埋螺栓受力工况。根据被支撑墙板的截面尺寸、边界条件及受力工况，预埋件可根据产品力学性能进行布置设计。

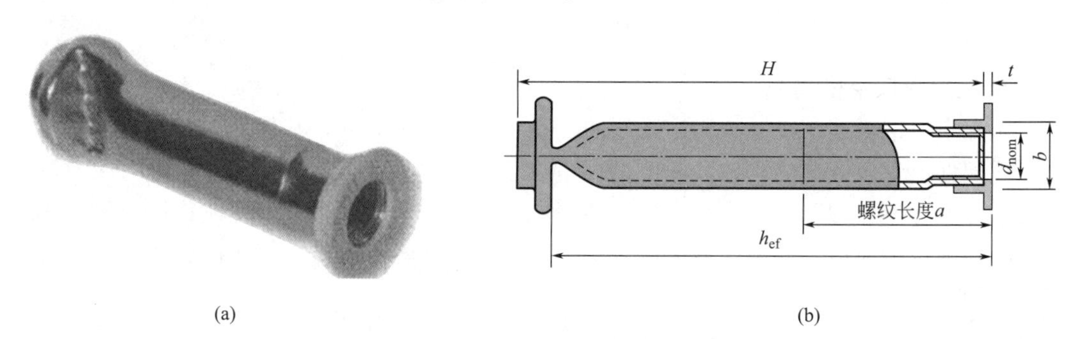

图 2.1.7　中型支撑预埋锚栓外形示意

（a）中型支撑预埋锚栓照片；（b）中型支撑预埋锚栓尺寸

2. 重型支撑预埋锚栓

相对于中型支撑预埋锚栓，重型支撑预埋锚栓承载力较高，更适用于受力较大的工况。重型支撑预埋锚栓主要由螺纹套筒和螺杆组成，如图 2.1.8 所示。从工艺上来说，螺纹套筒与螺杆采用多面挤压、一次成型的机械连接，保证了产品的质量和安全性。

3. 薄型支撑预埋锚栓

薄型支撑预埋锚栓适用于墙板较薄的工况，由预埋锚栓螺纹套筒、螺杆和锚板三部分组成，如图 2.1.9 所示。其加工工艺较为复杂，首先，螺杆与螺纹套筒采用多面挤压、一次成型的机械连接；其次，螺杆穿过带孔锚板后与之焊接。锚板面积较大，不仅提高了可靠的锚固力，还大大提升了产品使用的安全性。

4. 螺纹套筒支撑预埋锚栓

螺纹套筒支撑预埋锚栓（图 2.1.10）由螺纹套筒和锚筋两部分组成。其受力机理类似于传统锚筋（混凝土与带肋钢筋的粘结握裹力），预埋件的锚固深度与混凝土强度决定了

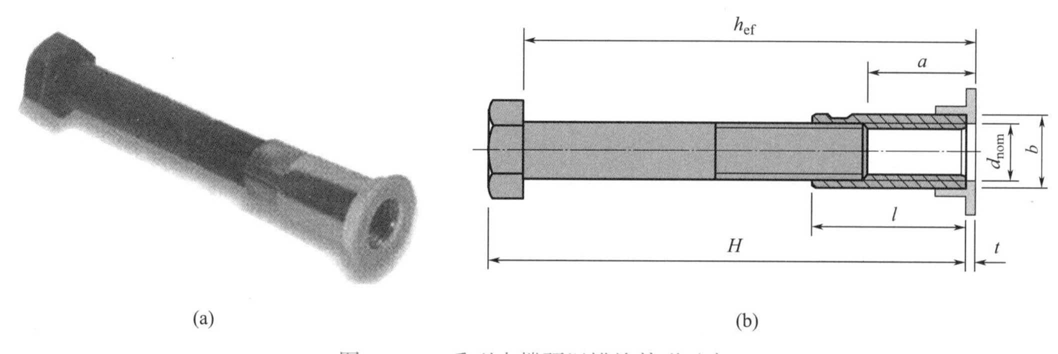

图 2.1.8　重型支撑预埋锚栓外形示意

(a) 重型支撑预埋锚栓照片；(b) 重型支撑预埋锚栓尺寸示意

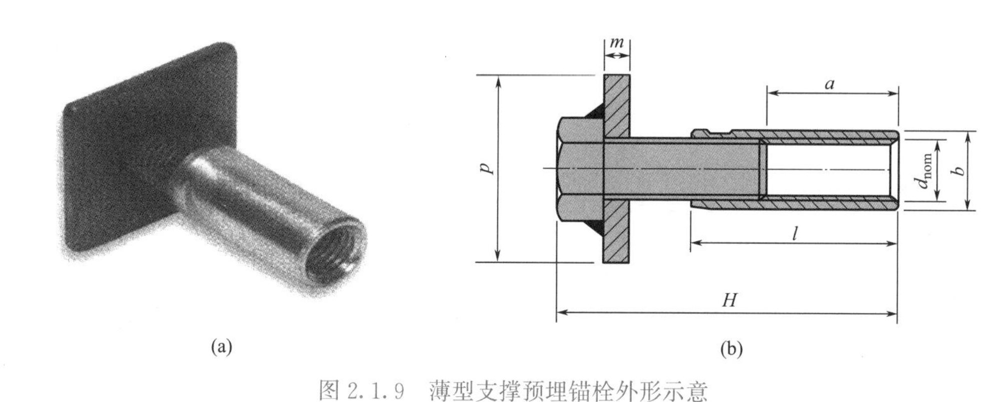

图 2.1.9　薄型支撑预埋锚栓外形示意

(a) 薄型支撑预埋锚栓照片；(b) 薄型支撑预埋锚栓尺寸示意

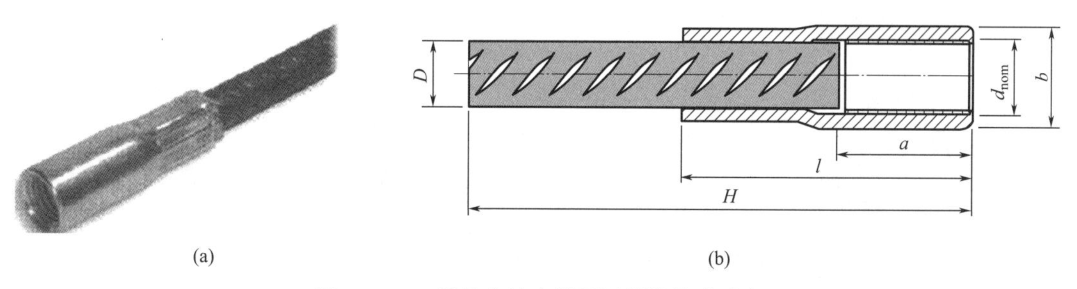

图 2.1.10　螺纹套筒支撑预埋锚栓外形示意

(a) 螺纹套筒支撑预埋锚栓照片；(b) 螺纹套筒支撑预埋锚栓尺寸示意

其承载力。该型式预埋锚筋与螺纹套筒采用多面挤压、一次成型的机械连接，加工工艺更为简单，设计、施工时也更为便捷，提升了产品的通用性。

(三) 夹心保温墙板连接件

1. 夹心保温墙板连接件承重体系

夹心墙板连接件分为承重连接件和限位连接件，两者配合使用且共同受力。同一项目应选用同一厂家的产品进行安装布置，图 2.1.11 为夹心保温墙板连接件承重体系布置图，构件如图 2.1.12 所示。

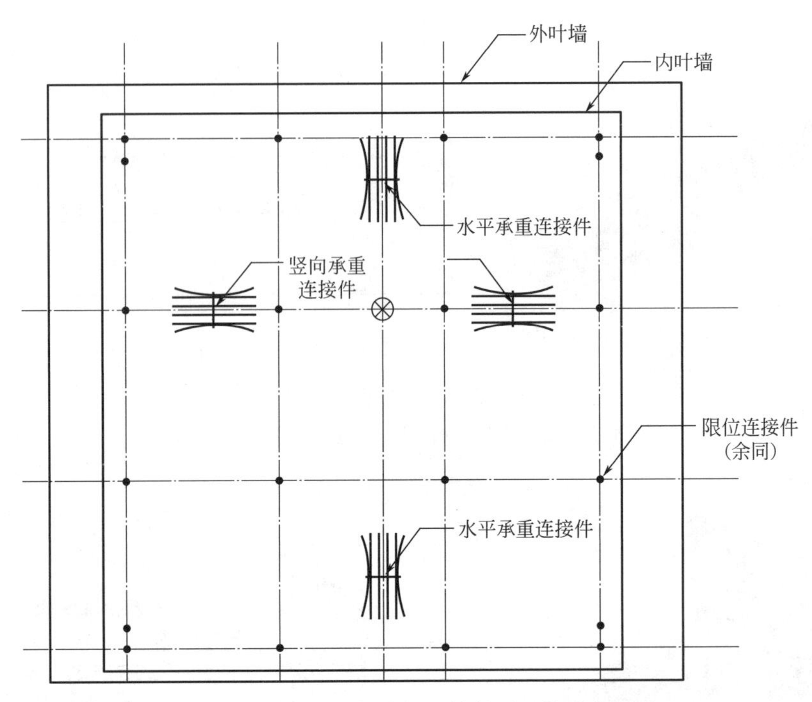

图 2.1.11 夹心保温墙板连接件承重体系布置图

图 2.1.12 夹心保温墙板构件

承重连接件宜按外叶板重心对称、竖向布置，承重连接件主要承受：外叶板自重＋温度弯曲导致的约束力＋地震作用。水平布置承重连接件主要承受：地震作用＋温度/弯曲导致的约束力。对于住宅项目中设置了飘窗的夹心墙板，其传力机理更为复杂。

2. 不锈钢板式连接件（承重连接件）

不锈钢板式连接件由连接钢板和附加钢筋两部分构成。不锈钢板式连接件具有抗腐蚀性能好、抗火性能好、耐久性强等优点。单个标准连接钢板为矩形钢板，宽度以40mm为模数，边缘上设有圆形和椭圆形孔，圆孔直径为8mm，间距为40mm，圆孔边距为20mm，椭圆孔边距为5.5mm。图 2.1.13 为不锈钢板式连接件安装构造图，不锈钢板式连接件中，连接钢板与附加钢筋、分布钢筋共同作用可以发挥良好的锚固性能。施工时，首先固定连接钢板，然后下排附加钢筋穿过不锈钢板式连接件的下排圆孔，并从外叶（或内叶）墙板分布钢筋下部（内叶墙钢筋上部）穿过，与分布钢筋绑扎牢固；上排附加钢筋穿过下排圆孔，并从外叶（或内叶）墙板分布钢筋上部（外叶墙钢筋下部）穿过，与分布钢筋绑扎牢固。

预制构件中的不锈钢板式连接件具有良好的锚固性能，其承受的外部轴向荷载主要由附加钢筋及周围混凝土共同承担，剪切荷载主要由连接钢板及周边混凝土共同承担。

限位连接件材料为不锈钢 A4（相当于 316 不锈钢）和不锈钢 A2（相当于 304 不锈钢），直径为 3.0mm、4.0mm、5.0mm 和 6.5mm。限位连接件主要承受由于温度变形、

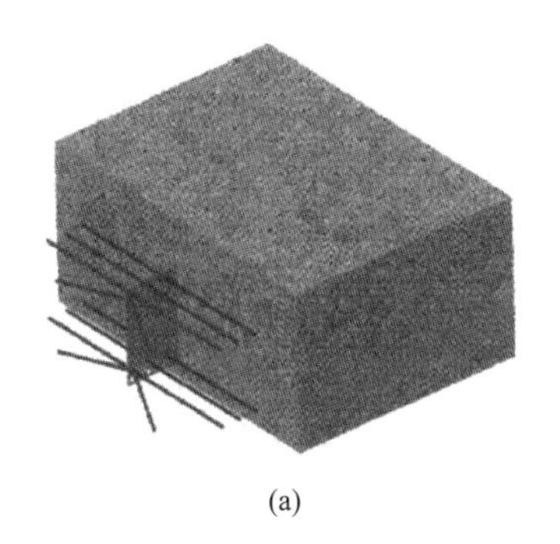

(a)

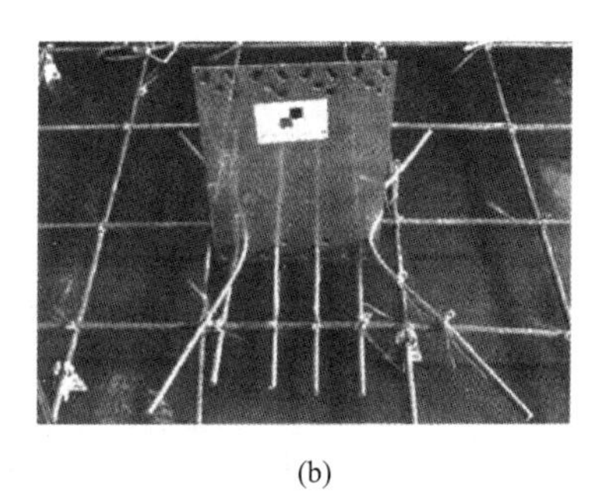

(b)

图 2.1.13　不锈钢板式连接件安装构造图

(a) 不锈钢板式连接件构造示意；(b) 不锈钢板式连接件现场安装

风力或脱模而产生的垂直作用于夹心墙板表面的作用力，限位连接件主要包括 HMSPC-A-N 型、HMSPC-A-B 型和 HMSPC-A-L 型三种，限位连接件形式如图 2.1.14 所示。

(1) HMSPC-A-N 型拉结件为 U 形弯曲钢丝，波纹状末端和闭合端都嵌入混凝土中，安装该连接件时，需在外叶墙混凝土初凝前安装完成。首先，将波纹状末端穿透保温板到外叶墙底模；其次，将其稍微提起并保证锚固深度和垂直度。

(2) HMSPC-A-B 型连接件为弯曲钢丝，其一端与外叶墙钢筋网片拉结，波浪端锚入混凝土，安装 B 型连接件时，首先，将卡扣打开，并牢靠卡住外叶墙钢筋网片；其次，浇筑混凝土并振捣密实；最后，铺设保温板时，直接将其从连接件另一端穿过并保证垂直度。

(3) HMSPC-A-L 型连接件为 U 形端弯曲至 90°的 L 形连接件。夹式销波纹端嵌入混凝土。另一端固定于钢筋网片上。安装 L 形连接件时，与 HMSPC-A-B 不同的是，先要将其牢靠绑扎在外叶墙钢筋上。

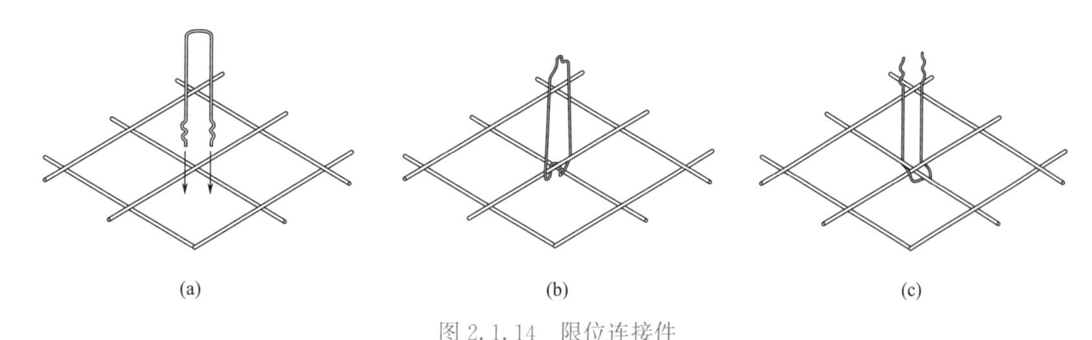

(a)　(b)　(c)

图 2.1.14　限位连接件

(a) HMSPC-A-N 型；(b) HMSPC-A-B 型；(c) HMSPC-A-L 型

3. 现代营造 FRP 连接件

FRP 连接件具有导热系数低、耐久性好、造价低、强度高的特点，可有效避免墙体在连接件部位的冷（热）桥效应，提高墙体的保温效果和安全性。其产品在使用时，所有的连接件平行穿过保温板，两端分别锚固在内叶墙和外叶墙混凝土之中，FRP 连接件材料与混凝土材料的相容性和变形协调性均较好。

FRP 连接件由纤维复合材料受力杆件和定位的塑料套组合而成，杆件横截面均为 5.7mm×10mm 的近似矩形（市场上也有改良版的十字形截面），FRP 连接件外形示意如

图 2.1.15 所示。根据锚固长度的不同，FRP 连接件主要分为 MS 型连接件和 MC 型连接件两种，MS 型锚固长度 D_a 为 38mm，适用于一侧板厚小于 63mm 的情况，规格包括 MS25～MS150；MC 型锚固长度 D_a 为 51mm，适用于两侧板厚均大于 63mm 的情况，规格包括 MC25～MC150。FRP 连接件的物理力学性能见表 2.1.2。

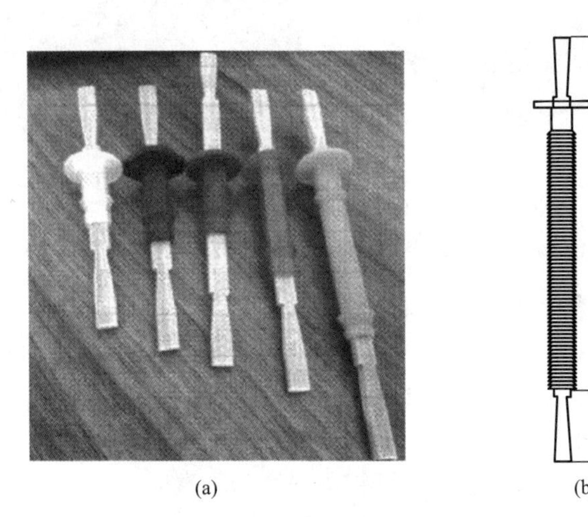

图 2.1.15　FRP 连接件外形示意

（a）FPR 连接件照片；（b）FRP 连接件尺寸示意

FRP 连接件的物理力学性能　　表 2.1.2

物理性能	MS 型连接件	MC 型连接件
横截面积(mm^2)	50.5	50.5
平均转动惯量(mm^2)	243	243
嵌入混凝土深度(mm)	38	51
拉伸强度(MPa)	800	800
拉伸弹性模量(MPa)	40000	40000
弯曲强度(MPa)	844	844
弯曲弹性模量(MPa)	30000	30000
剪切强度(MPa)	57.6	57.6

FRP 连接件使用过程中主要设计和构造要求为：

（1）用 MS 型和 MC 型连接件进行夹心墙设计时，主要用于承受正常使用状态混凝土自重和风荷载产生的剪切和拉伸作用。

（2）墙板的混凝土设计强度等级不低于 C30，外层混凝土最大石子粒径应小于 20mm。

（3）连接件可以内部暴露、外部暴露或在潮湿环境下暴露，但不能与防腐处理材料及阻燃处理过的木材接触。

（4）设计时应保证 MS 型和 MC 型连接件在混凝土中的有效嵌入深度分别为 38mm 和 51mm，连接件与墙板边缘的临界距离应大于 100mm，与门窗洞口的距离应大于 150mm，连接件间距应大于 200mm。

（5）使用MS型连接件时，外叶墙板厚度最小值为50mm；使用MC型连接件时，外叶墙板的厚度最小值为60mm。外表面纹理、凹槽和外露深度都应该在最小值上另加厚度。例如假设构件表面有10mm的凸凹花纹，则使用MS型连接件的外叶墙混凝土最小厚度应不小于60mm，使用MC型连接件的外叶墙混凝土最小厚度应不小于70mm。

4. 桁架式不锈钢连接件

桁架式不锈钢连接件是采用不锈钢或普通钢筋弯曲和焊接而成，主要用于连接预制三明治墙板的内、外叶混凝土板。桁架式不锈钢连接件腹杆穿过保温层，上、下弦杆分别锚固于内、外叶混凝土板中。该连接件主要分为PD连接件和PPA连接件两种。

PD连接件是单片桁架结构，包括不锈钢斜腹杆、不锈钢弦杆或钢筋弦杆，弦杆材料取决于外部环境等级和混凝土保护层厚度。PD桁架式不锈钢连接件外形示意如图2.1.16所示。

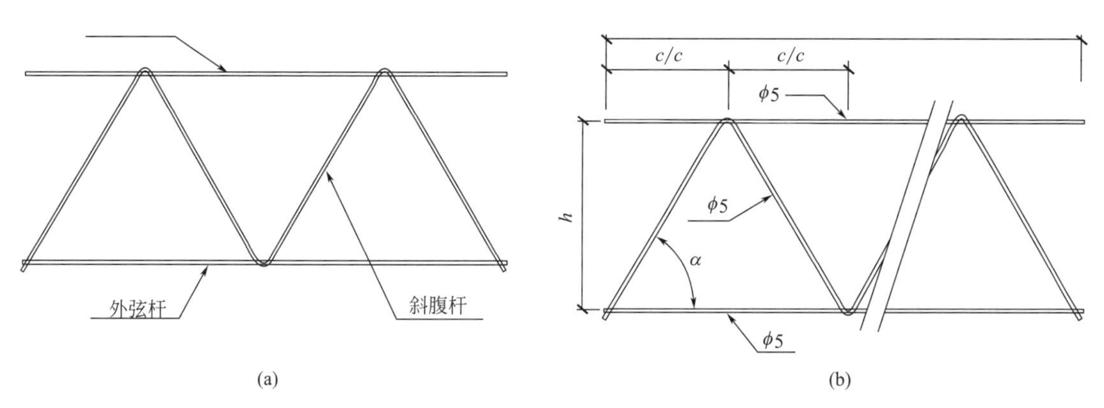

图2.1.16　PD桁架式不锈钢连接件外形示意

（a）PD桁架式不锈钢连接件组成；（b）PD桁架式不锈钢连接件尺寸示意

PD连接件产品构造和使用具有如下特点：

（1）脱模前混凝土最小抗压强度为16MPa。

（2）连接件标准高度龙的制定依据是锚入混凝土层的深度（30＋30）mm以及保温板厚度之和，龙是指上、下弦杆中到中的距离。

（3）PD连接件的标准长度为2400mm。连接件可按300mm的倍数进行生产。连接件与墙板上、下边缘的距离应满足10mm$<K<$300mm的要求；连接件之间的距离不应小于100mm，且不应大于600mm。上述要求可保证PD连接件在混凝土中的锚固承载力，同时可限制外叶板翘曲。

（4）当墙板高度大于3600mm时，只能布置长度最大为3000mm的桁架式不锈钢连接件，上、下端部剩余空间采用垂直的销钉拉结，可保证上、下端部的自由收缩变形。

（5）当墙板中有门窗洞口且洞口一侧的宽度为300～600mm时，需在此空间内至少布置2根桁架式不锈钢连接件，以防止外叶板在此处压屈变形。

PPA连接件是用于墙板中门窗过梁的内、外墙板连接件，适用于混凝土板高度在局部无法满足斜对角连接件适用要求时（窗过梁或下部高度过低）的情形。PPA过梁连接件的腹筋由不锈钢制成，PPA连接件尺寸详如图2.1.17所示。

桁架式不锈钢连接件所需的最小锚固深度和最小混凝土强度等级详见表2.1.3。

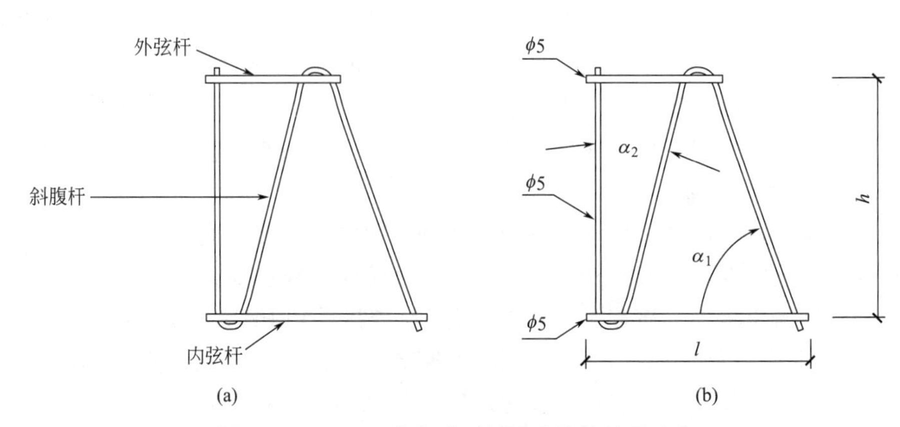

图 2.1.17　PPA 桁架式不锈钢连接件外形示意
（a）PPA 桁架式不锈钢连接件组成；（b）PPA 桁架式不锈钢连接件尺寸示意

桁架式不锈钢连接件最小锚固深度和最小混凝土强度等级　　表 2.1.3

连接件类型	最小锚固深度(mm)	最小混凝土强度等级
PD 连接件	25	C25
PPA 连接件	35	C25

任务二　配件进出厂检验

建筑配件的检验分为进厂、出厂检验和进场检验三个环节，进厂检验主要是针对配件本身的外观质量、尺寸及材料性能进行检验；出厂检验和进场检验主要是针对预埋在混凝土构件中的配件类别、数量、型号进行核查，对配件施工尺寸偏差、外观和力学性能进行检验。本任务是学会完成建筑配件进厂检验、出厂检验和进场检验三个环节的通用检验。

（一）进厂检验

建筑配件进厂检验一般由预制构件厂完成。建筑配件进厂检验时，可采用观察法对配件进行类别和规格检查，配件的类别与规格应与设计要求一致。配件类别和规格不符合设计要求的，判定为该批配件质量不合格。

1. 进厂检验

进厂检验包括以下内容：

（1）文件资料检查；

（2）建筑配件类别和规格检查；

（3）建筑配件外观质量检验；

（4）建筑配件尺寸与偏差检验；

（5）建筑配件材料性能检验等。

2. 一般要求

（1）预埋吊件检验

预埋吊件检验应分为预埋吊件原材料检验、预埋吊件检验。预埋吊件原材料检验应在预埋吊件批量加工生产前完成。预埋吊件检验应分为出厂检验和型式检验，出厂检验项目应符合原材料质量、外观质量、尺寸允许偏差等的规定。型式检验还应包括预埋吊件锚固性能试验。

（2）原材料检验要求

1）材质。预埋吊件应选用碳素结构钢、优质碳素结构钢或合金结构钢。预埋吊件采用碳素结构钢时，其质量应符合《碳素结构钢》GB/T 700—2006 的规定。预埋吊件采用优质碳素结构钢时，牌号不宜低于 Q235B，其质量符合《优质碳素结构钢》GB/T 699—2015 的规定。预埋吊件采用合金结构钢时，应选 $20mn^2$ 或 CM490 型合金钢，其质量符合《合金结构钢》GB/T 3077—2015 的规定。吊件中用到的销栓、锚筋的材质宜选用热轧钢筋，其质量符合《钢筋混凝土用钢　第 2 部分：热轧带肋钢筋》GB/T 1499.2—2018 的规定。双头预埋吊杆、锚板型预埋套筒、销栓型预埋套筒、锚筋型内螺纹套筒、滚花预埋套筒等预埋吊件的原材料力学性能应满足《金属材料　拉伸试验　第 1 部分：室温试验方法》GB/T 228.1—2021 对材料性能的要求。

2）外观要求。预埋吊件外表面不应有影响使用性能的结疤、麻面、裂纹、夹渣等质量缺陷。锚板型预埋套筒的锚板与套筒间焊缝应饱满，符合《钢结构焊接规范》GB 50661—2011 的要求。

3）力学性能要求。预埋吊件力学性能试验应按《金属材料 拉伸试验 第 1 部分：室温试验方法》GB/T 228.1—2021 的规定执行。预埋吊件锚固性能试验按《预制混凝土构件用金属预埋吊件》T/CCES 6003—2021 规定执行。

4）取样要求。材料性能试验应以同钢号、同规格、同炉（批）号的材料为一验收批。力学性能以及尺寸偏差和外观质量检验每验收批应分别抽取 3 个试样，且每个试样应取自不同材料。

5）原材料检验判定规则。按照原材料规定的检验项目检验，若 3 个试验均合格，则该批材料应判定为合格；若有 1 个试样不合格，应加倍抽样复检，复检全部合格时，仍可判定该批材料合格；若复检中仍有 1 个试样不合格，则该批材料应判定为不合格。

（3）预埋吊件检验要求

1）预埋吊件检验应分为出厂检验和型式检验。出厂检验项目包括预埋吊件外观、标记、外形尺寸，以及预埋吊件力学性能。

2）出厂检验取样判定。预埋吊件外观、标记、外形尺寸检验是以连续生产的同原材料、同类型、同型式、同规格、同批号的 10000 个或少于 10000 个预埋吊件为一个检验批，随机抽取 2%进行检验。合格率不低于 97%时：应评为该检验批合格；当合格率低于 97%时，应加倍抽样复检，当加倍抽样复检合格率不低于 97%时，应评定该检验批合格，若仍低于 97%时，该检验批应逐个检验，合格后方可出厂。预埋吊件力学性能检验：预埋吊件连续生产时，1 年至少做 1 次预埋吊件力学性能试验。以同原材料、同类型、同规格的预埋吊件为一个检验批，随机抽取不少于 3 个进行检验。当满足预埋吊件所能承受的最大拉力值不小于允许起吊荷载值的 4 倍要求时，应评定为该检验批合格；反之，应评定该检验批不合格。

3）型式检验要求。当有下列情况之一时，应进行型式检验：①新产品定型时；②正式生产后，材料、尺寸或工艺等有较大变化可能影响产品性能时；③正常生产连续 2 年；④停产 1 年以上，恢复生产时；⑤出厂检验结果与上次型式检验结果有较大差异时。取样方法：对每种类型、级别、规格、材料、工艺的预埋吊件进行型式检验时，预埋吊件数量不应少于 8 个。其中，拉拔锚固试件不应少于 5 个。由型式检验单位先对送样吊件进行外观、尺寸和标志检验，检验合格后由型式检验单位进行其他试验。型式检验仅对外观、尺寸和标志判定是否合格，对吊件力学性能及锚固性能应该根据试验给出标准值。当试验结果符合下列规定时应判定为合格：⑥外观、尺寸和标志检验：对送交型式检验的预埋吊件按原材料、尺寸、外观质量和力学性能等指标的相应要求，由检验单位检验，并按《预制混凝土构件用金属预埋吊件》T/CCES 6003—2021 规定记录；吊件锚固性能检验符合《预制混凝土构件用金属预埋吊件》T/CCES 6003—2021 要求，则判定为合格。

3. 检验仪器设备

检验所需仪器设备如下：

（1）直尺、卷尺、游标卡尺等仪器，用于检验建筑配件的尺寸及偏差。

（2）直尺、卷尺、游标卡尺，用于检验建筑配件的安装尺寸及偏差。

（3）压力机、拉拔仪、百分表及专用设备等，用于检验建筑配件的材料性能及预埋后的力学性能。

仪器设备要求如下：

（1）加载设备要求

现场检测用的加载设备，可采用专门的拉拔仪，拉拔仪的具体参数应符合下列规定：

1）拉拔仪的加载能力应比预先计算的预埋件极限荷载值至少大 20%，且不大于极限荷载的 2.5 倍，拉拔仪能连续、平稳、速度可控地进行逐级加载。

2）拉拔仪应能够按照规定的速度加载，测定系统整机允许偏差为全量程的±2%。

3）拉拔仪的液压加荷系统持荷时间不超过 5min 时，其降荷值不应大于 5%。

4）拉拔仪应能保证所施加的拉拔荷载始终与预埋件的轴线保持一致。

5）拉拔仪加载支座内径 D_0 应符合以下要求：预埋件发生混凝土锥体破坏时，D_0 不应小于 $4H_{ef}$（H_{ef} 为预埋件的有效埋深）。

（2）位移测量装置要求

1）测试仪表的量程不应小于 50mm；其测量的允许偏差应为±0.02mm。

2）位移测量装置应能与拉拔仪同步工作，能连续记录且测出预埋件相对于混凝土表面的相对位移，并绘制荷载-位移的全程曲线。

（3）建筑配件检测可采用相应的专用设备，专用设备应满足规范中对于建筑配件加载方法和精度的要求。

（4）现场检验用的仪器设备应定期由法定计量检定机构进行检定。

4. 检验流程

建筑配件的进厂检验仅针对配件本身，其流程相对简单，建筑配件进厂检验可按图 2.2.1 流程进行，配件质量检验的合格判定标准详见相应规范。

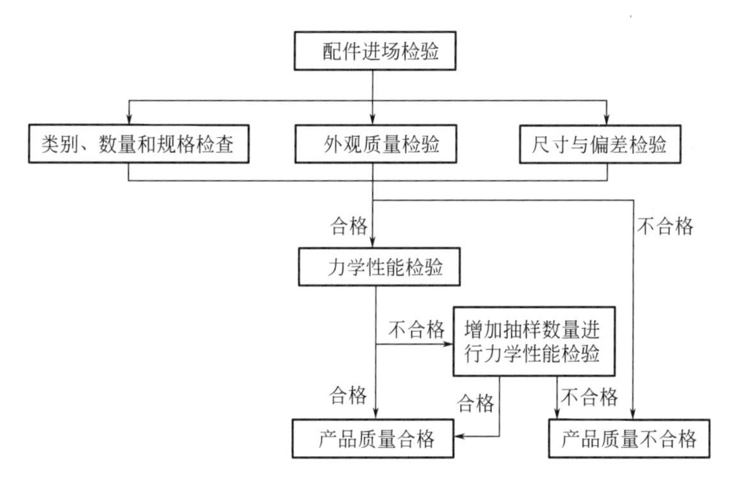

图 2.2.1　建筑配件进厂检验流程图

5. 检验方法及合格判定标准

（1）文件资料检查

1）建筑配件进厂检验时，文件资料检查主要包括检查产品的质量证明、出厂合格证、产品说明书、检测报告或认证报告等。

合格判定标准：相关资料齐全，可进行后续检验；相关资料不齐全，应要求配件产品生产厂家补齐相关资料，相关资料齐全后方可进行后续检验。

2）建筑配件出厂检验、进场检验及验收时的文件资料检查主要包括下列内容：

① 设计图纸及相关文件；

② 建筑配件的质量证明、出厂合格证、产品说明书、检测报告或认证报告等；

③ 建筑配件施工记录以及相关检查结果文件；

④ 不可见的建筑配件应有预制构件厂家提供的生产过程质量控制文件等。

合格判定标准：相关资料齐全、无不合格记录且符合设计要求的，可进行后续检验；相关资料不齐全或存在不合格记录，不符合设计要求的，应补齐资料或查找不合格原因，建筑配件符合设计图纸及相关文件要求后可进行后续检验。

（2）外观检查

建筑配件进厂检验、出厂检验和进场检验时，应检验配件外观质量及损伤情况。合格点率应达到80%及以上，且配件不得有严重缺陷，则可判定该批配件质量合格；否则可判定该批配件质量不合格。

1）金属吊装预埋件

吊装配件进厂时，应对其外观质量进行全数检查。金属吊装预埋件检测项目和检验方法详见表 2.2.1～表 2.2.3。

双头预埋吊钉外观质量检验方法　　表 2.2.1

序号	项目	检验方法
1	表面处理	目测
2	光洁度	目测
3	结疤	目测
4	麻面	目测
5	裂纹	目测
6	夹渣	目测

注：目测检测方法应在自然散射光线下，距离试样 40～50mm 目测外观。

锚板型预埋套筒外观质量检验方法　　表 2.2.2

序号	项目	检验方法
1	表面处理	目测
2	光洁度	目测
3	划痕	目测
4	气泡	目测
5	裂纹	目测和裂缝测试仪测量
6	夹渣	目测
7	焊瘤	目测
8	未焊透	目测
9	未熔合	目测
10	咬边	目测
11	碰伤	目测
12	拉毛	目测
13	螺纹变形	目测
14	配合松动	目测

销栓型预埋套筒外观质量检测方法　　表 2.2.3

序号	项目	检验方法
1	表面处理	目测
2	光洁度	目测
3	划痕	目测
4	气泡	目测
5	裂纹	目测和裂缝测试仪测量
6	碰伤	目测
7	螺纹变形	目测
8	配合松动	目测

2）临时支撑预埋件

临时支撑预埋件外观质量检测内容、检验方法同上。

3）夹心保温墙板连接件

夹心保温墙板连接件进厂检验时，应对其外观质量进行全数检查。夹心保温墙板连接件检测项目和检验方法详见表 2.2.4～表 2.2.6。

FRP 连接件外观质量检验方法　　表 2.2.4

序号	项目	检验方法
1	气泡	目测
2	刮伤	目测
3	针孔	目测
4	裂纹	目测

合格判定标准：单个 FRP 连接件表面应色泽均匀，不应有气泡、刮伤、针孔、裂纹等缺陷。如存在 1 项或多项不符合要求，可判定该连接件质量不合格。

桁架式不锈钢连接件外观质量检验方法　　表 2.2.5

序号	项目	检验方法
1	表面处理	目测
2	光洁度	目测
3	划痕	目测
4	气泡	目测
5	裂纹	目测和裂缝测试仪测量
6	夹渣	目测
7	焊瘤	目测
8	未焊透	目测
9	未熔合	目测
10	咬边	目测
11	碰伤	目测
12	拉毛	目测

合格判定标准：桁架式不锈钢连接件表面应无划痕、气泡等外观缺陷。如有镀锌，镀锌应均匀、完整。焊缝应符合《钢结构焊接规范》GB 50661—2011 的要求。桁架式不锈钢连接件表面应无肉眼可见缺陷，无碰伤、拉毛、裂纹等缺陷。如存在 1 项或多项不符合要求，可判定该连接件质量不合格。

不锈钢板式连接件外观质量检验方法　　表 2.2.6

序号	项目	检验方法
1	表面处理	目测
2	光洁度	目测
3	划痕	目测
4	气泡	目测
5	裂纹	目测和裂缝测试仪测量
6	夹渣	目测
7	焊瘤	目测
8	未焊透	目测
9	未熔合	目测
10	咬边	目测
11	碰伤	目测
12	拉毛	目测

合格判定标准：同桁架式不锈钢连接件判定标准。

（二）进厂检验

建筑配件进厂检验时，其产品本身的尺寸与偏差可采用直尺、卷尺、游标卡尺等仪器检验。判定合格标准：合格点率应达到 80%及以上，不合格点的偏差不得超过允许偏差的 1.5 倍，则判定为该批配件质量合格；否则可判定该批配件质量不合格。对于不同的建筑配件，尺寸检验所用的仪器设备、检验方法及偏差要求均不同，在检验时，应分别进行检验。

1. 双头预埋吊钉的尺寸检验方法及允许偏差

双头吊钉尺寸如图 2.2.2 所示，检验通常采用游标卡尺，具体检验方法详见表 2.2.7 双头预埋吊钉尺寸允许偏差应符合表 2.2.8 的规定。

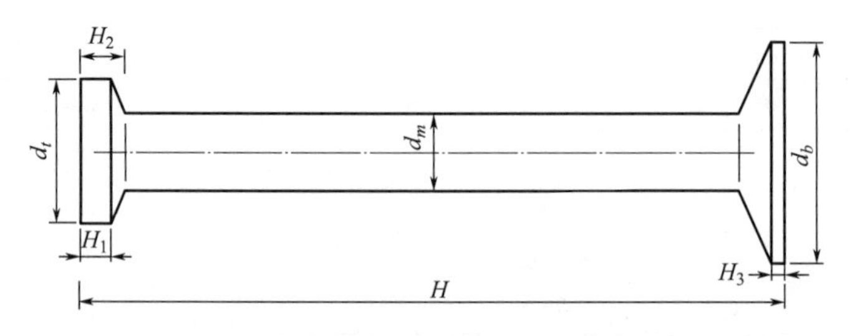

图 2.2.2　双头吊钉尺寸示意

d_t—顶头直径（连接端）；d_m—杆直径；d_b—底头直径（锚固端）；H—吊杆高度；

H_1—顶头高度；H_2—顶头及过渡端高度；H_3—底头高度

双头预埋吊钉尺寸检验项目及检验方法　　表 2.2.7

序号	项目	检验方法
1	吊杆高度	用精度不低于 0.1mm 的游标卡尺沿高度方向测量吊件上沿到吊件下沿，测取不少于两个位置，取其偏差绝对值最大值
2	顶头直径	用精度不低于 0.1mm 的游标卡尺沿顶头直径方向测量，测取不少于两个位置，取其偏差绝对值最大值，精确到 0.1mm
3	杆直径	用精度不低于 0.1mm 的游标卡尺沿杆直径方向测量，测取不少于两个位置，取其偏差绝对值最大值，精确到 0.1mm
4	底头直径	用精度不低于 0.1mm 的游标卡尺沿底头直径方向测量，测取不少于两个位置，取其偏差绝对值最大值，精确到 0.1mm
5	顶头高度	用精度不低于 0.1mm 的游标卡尺沿底头直径方向测量，测取不少于两个位置，取其偏差绝对值最大值，精确到 0.1mm
6	顶头及过渡端高度	用精度不低于 0.1mm 的游标卡尺测量，测取不少于两个位置，取其偏差绝对值最大值，精确到 0.1mm
7	底头高度	用精度不低于 0.1mm 的游标卡尺测量，测取不少于两个位置，取其偏差绝对值最大值，精确到 0.1mm

双头预埋吊钉尺寸允许偏差　　表 2.2.8

单位：mm

序号	项目	允许偏差
1	吊杆高度	±2
2	顶头直径	±1
3	杆直径	0，+1
4	底头直径	±2
5	顶头高度	±0.5
6	顶头及过渡端高度	±0.5
7	底头高度	0，+1.5
8	底头偏心距	1.3～2.5t，≤1.0 3～5t，≤1.5 8～12t，≤2.5 15～22t，≤4.0 25～32t，≤6.0

注：表中 t 代表吨，1.3～2.5t 为允许起吊荷载为 13～25kN。

2. 锚板型预埋套筒的尺寸检验方法及允许偏差

锚板型预埋套筒尺寸示意如图 2.2.3 所示。锚板型预埋套筒的尺寸检验通常采用游标卡尺，具体检验方法详见表 2.2.9。

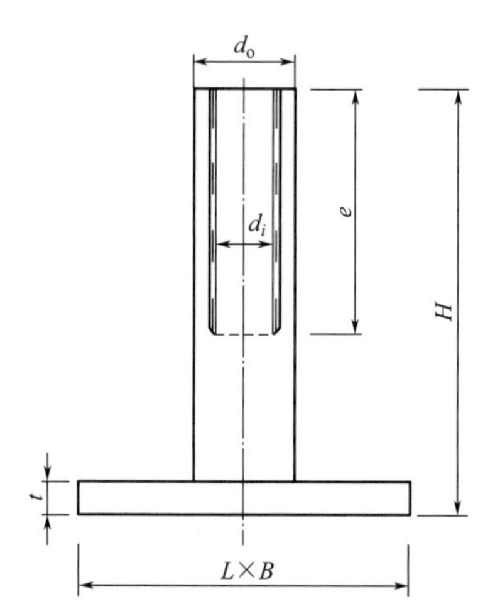

图 2.2.3　锚板型预埋套筒尺寸示意

d_o—套筒外径；d_i—套筒内螺纹公称直径；e—套筒内螺纹长度

H—吊件高度；L—板长；B—板宽；t—板厚

锚板型预埋套筒检验项目及检验方法　　　　**表 2.2.9**

序号	项目			检验方法
1	外形尺寸	吊件高度	整体高度	用精度不低于 0.1mm 的游标卡尺沿高度方向测量吊件上沿到吊件下沿，测取不少于两个位置，取其偏差绝对值最大值
			套筒内长度	用精度不低于 0.1mm 的游标卡尺沿内孔方向测量吊件，测取不少于两个位置，取其偏差绝对值最大值
2		套筒内螺纹公称直径		用精度不低于 0.1mm 的游标卡尺沿宽度方向测量内螺纹，测取前中后三部分，取其偏差绝对值最大值，精确到 0.1mm
3		套筒外径		用精度不低于 0.1mm 的游标卡尺测量提升板厚度，测取不少于两个位置，取其偏差绝对值最大值，精确到 0.1mm
4		套筒壁厚		用精度不低于 0.1mm 的游标卡尺沿不少于两个方向测量孔壁厚，取其偏差绝对值最大值
5		锚板长度		钢尺测量，测取不少于两个位置，取其偏差绝对值最大值，精确到 0.1mm
6		锚板宽度		钢尺测量，测取不少于两个位置，取其偏差绝对值最大值，精确到 0.1mm
7		锚板厚度		用量角器测侧向弯曲最大处
8		锚板与套筒夹角		拉线、游标卡尺检查
9		中心线位置		拉线、直尺检查
10		螺纹长度		用专用螺纹塞，旋入螺纹长度，套筒端面应在检具检查刻度线 3P 范围内

锚板型预埋套筒的尺寸允许偏差应符合表 2.2.10 的规定。

锚板型预埋套筒的尺寸允许偏差 表 2.2.10

<table>
<tr><th>序号</th><th colspan="2">项目</th><th colspan="2">允许偏差(mm)</th></tr>
<tr><td rowspan="2">1</td><td rowspan="11">外形尺寸</td><td rowspan="2">吊件高度</td><td>整体高度(l)</td><td>±1</td></tr>
<tr><td>套筒内长度(e)</td><td>±1</td></tr>
<tr><td>2</td><td>套筒内螺纹公称直径</td><td colspan="2">±0.5</td></tr>
<tr><td>3</td><td>套筒外径</td><td colspan="2">±1</td></tr>
<tr><td>4</td><td>套筒壁厚</td><td colspan="2">0,+0.3</td></tr>
<tr><td>5</td><td>锚板长度</td><td colspan="2">±1</td></tr>
<tr><td>6</td><td>锚板宽度</td><td colspan="2">±1</td></tr>
<tr><td>7</td><td>锚板厚度</td><td colspan="2">±0.2</td></tr>
<tr><td>8</td><td>锚板与套筒夹角</td><td colspan="2">±2</td></tr>
<tr><td>9</td><td>中心线位置</td><td colspan="2">1</td></tr>
<tr><td>10</td><td>螺纹长度</td><td colspan="2">0,3P</td></tr>
</table>

注：螺纹长度应满足《普通螺纹 中等精度、优选系列的极限尺寸》GB/T 9145—2003 中 6H 级精度中等旋合长度的要求。

3. 销栓型预埋套筒的尺寸检验方法及允许偏差

图 2.2.4 为销栓型预埋套筒尺寸示意图。销栓型预埋套筒的尺寸检验通常采用一定精度的游标卡尺，具体检验项目及方法详见表 2.2.11。

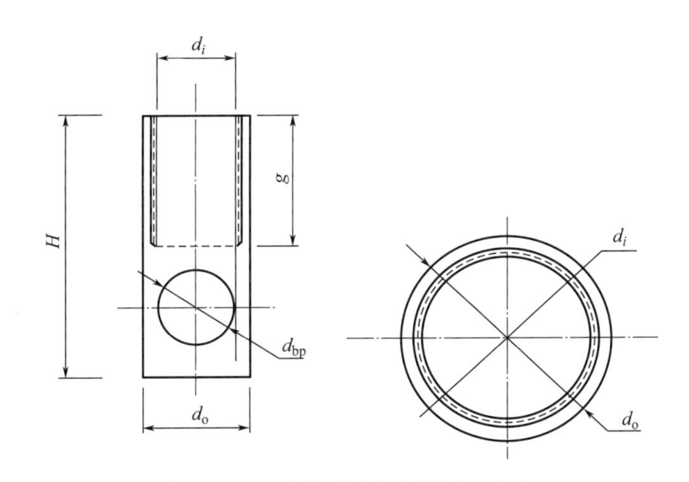

图 2.2.4 销栓型预埋套筒尺寸示意

d_i—套筒内螺纹公称直径；g—套筒内螺纹长度；

d_o—套筒外径；H—吊件高度；d_{bp}—横杆孔直径

销栓型预埋套筒检验项目及检验方法 表 2.2.11

<table>
<tr><th>序号</th><th colspan="3">项目</th><th>检验方法</th></tr>
<tr><td rowspan="2">1</td><td rowspan="2">外形尺寸</td><td rowspan="2">吊件高度</td><td>整体高度</td><td>用精度不低于 0.1mm 的游标卡尺沿高度方向测量吊件上沿到吊件下沿，测取不少于两个位置,取其偏差绝对值最大值</td></tr>
<tr><td>套筒内长度</td><td>用精度不低于 0.1mm 的游标卡尺沿内孔方向测量吊件,测取不少于两个位置,取其偏差绝对值最大值</td></tr>
</table>

续表

序号	项目		检验方法
2	外形尺寸	套筒内螺纹公称直径	用精度不低于0.1mm的游标卡尺测量，测取不少于两个位置，取其偏差绝对值最大值
3		套筒外径	用精度不低于0.1mm的游标卡尺测量，测取不少于两个位置，取其偏差绝对值最大值
4		金属杆长度	用精度不低于0.1mm的游标卡尺测量，测取不少于两个位置，取其偏差绝对值最大值
5		金属杆直径	用精度不低于0.1mm的游标卡尺沿横杆孔直径方向测量，测取不少于两个位置，取其偏差绝对值最大值
6		横杆孔直径	用精度不低于0.1mm的游标卡尺沿不少于两个方向测量孔直径，取其偏差绝对值最大值
7		螺栓孔壁厚	用精度不低于0.1mm的游标卡尺沿不少于两个方向测量孔壁厚，取其偏差绝对值最大值
8		螺纹长度	用专用螺纹塞，旋入螺纹长度，套筒端面应在检具检查刻度线 $3P$ 范围内

注：螺纹长度应满足《普通螺纹　中等精度、优选系列的极限尺寸》GB/T 9145—2003中6H级精度中等旋合长度的要求。

销栓型预埋套筒的尺寸允许偏差应符合表2.2.12的规定。

销栓型预埋套筒的尺寸允许偏差　　表2.2.12

单位：mm

序号	项目		允许偏差	
1	外形尺寸	吊件高度	整体高度	±1
			套筒内长度	±1
2		套筒内螺纹公称直径	±1	
3		套筒外径	±1	
4		金属杆长度	±1	
5		锚筋直径	0，+0.5	
6		锚筋孔直径	±1	
7		套筒壁厚	0，+0.3	
8		螺纹长度	0，$3P$	

注：螺纹长度应满足《普通螺纹　中等精度、优选系列的极限尺寸》GB/T 9145—2003中6H级精度中等旋合长度的要求。

4. FRP夹心保温墙板连接件的尺寸检验方法及允许偏差

（1）FRP连接件

FRP连接件的外形构造如图2.2.5所示。FRP连接件外形尺寸检验项目和检验方法可按表2.2.13的规定进行；尺寸允许偏差值可按表2.2.14的规定进行。

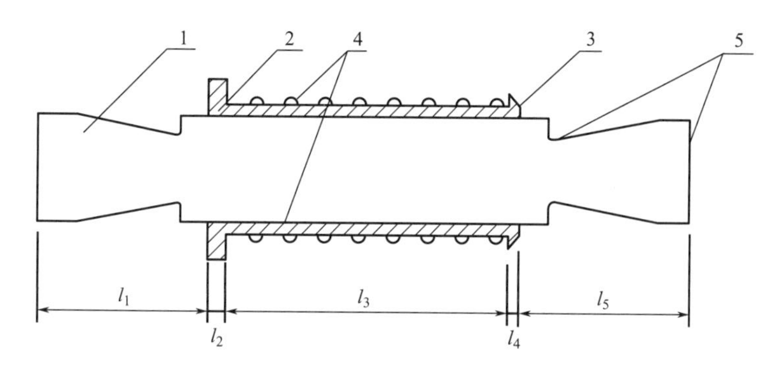

图 2.2.5 FRP 连接件外形构造

1—FRP 连接杆；2—套环端板 1；3—套环端板 2；4—套环环身；5—切口；
l_1—连接件在内叶墙的锚固长度；l_2—套环端板 1 厚度；l_3—保温层厚度；
l_4—套环端板 2 厚度；l_5—连接件在外叶墙的锚固长度

FRP 连接件检验项目及检验方法 表 2.2.13

序号	项目		检验方法
1	外形尺寸	连接件在内叶墙中的锚固长度	用精度不低于 0.2mm 的游标卡尺沿长度方向测量连接件在内叶墙中的锚固长度，选取三个位置进行测量，取其偏差绝对值较大值
2		套环端板 1 厚度	用精度不低于 0.2mm 的游标卡尺沿厚度方向测量套环端板 1 厚度，选取三个位置进行测量，取其偏差绝对值较大值
3		保温层厚度	用精度不低于 0.2mm 的游标卡尺测量保温层厚度，选取三个位置测量，取其偏差绝对值较大值
4		套环端板 2 厚度	用精度不低于 0.2mm 的游标卡尺沿厚度方向测量套环端板 2 厚度，选取三个位置进行测量，取其偏差绝对值较大值
5		连接件在外叶墙中的锚固长度	用精度不低于 0.2mm 的游标卡尺沿长度方向测量连接件在外叶墙中的锚固长度，选取三个位置进行测量，取其偏差绝对值较大值

注：连接件检测项目允许偏差均按照表 2.2.14 规定的长度范围内的允许偏差进行检验。

FRP 连接件的尺寸允许偏差 表 2.2.14

单位：mm

序号	规定尺寸 l	允许偏差
1	$l \leqslant 12$	0，+0.2
2	$12 < l \leqslant 38$	0，+0.3
3	$39 < l \leqslant 50$	0，+0.4
4	$50 < l \leqslant 100$	0，+0.6

（2）不锈钢板式连接件

不锈钢板式连接件的外形构造如图 2.2.6 所示。其外形尺寸检验项目及检验方法可按表 2.2.15 的规定进行，尺寸允许偏差值可按表 2.2.16 的规定进行。

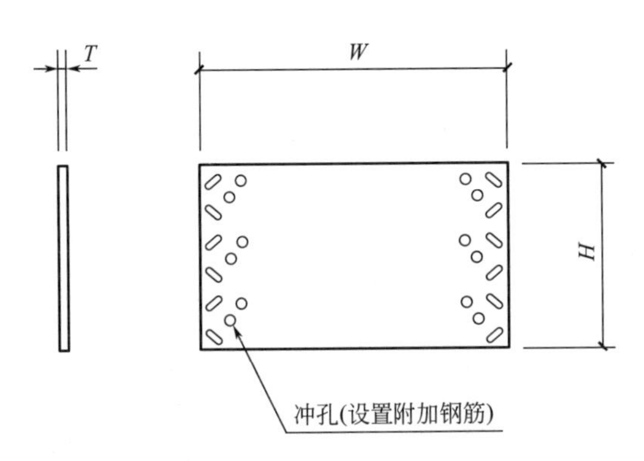

图 2.2.6　不锈钢板式连接件外形构造

不锈钢板式连接件尺寸检验项目及检验方法　　表 2.2.15

序号	项目		检验方法
1	外形尺寸	名义宽度(W)	用精度不低于 0.2mm 的游标卡尺沿宽度方向测量名义宽度，测取三个位置，取其偏差绝对值较大值
2		名义高度(H)	用精度不低于 0.2mm 的游标卡尺沿高度方向测量名义高度，测取三个位置，取其偏差绝对值较大值
3		名义厚度(T)	用精度不低于 0.2mm 的游标卡尺沿厚度方向测量名义厚度，测取三个位置，取其偏差绝对值较大值

不锈钢板式连接件的尺寸允许偏差　　表 2.2.16

序号	项目	允许偏差
1	名义宽度(W)	±2.0mm
2	名义高度(H)	±2.0mm
3	名义厚度(T)	+0.2mm

5. 配件力学性能检测

建筑配件进厂检验时，由于不同厂家生产的金属吊装预埋件、临时支撑预埋件、夹心保温墙板连接件等配件的承载能力和构造措施均不同，且部分建筑配件在构件吊装和安装过程中承受一定的动力荷载，所以，在配件进厂检验时，应对建筑配件力学性能进行检验。对于不方便进行加载测试的建筑配件，可制作相应的夹具或者将配件锚入混凝土进行力学性能检验。进厂检验一般为破损检验。破损检验应加载至配件破坏，并记录最大破坏荷载和破坏方式。当建筑配件的力学性能等应全部满足产品说明书要求则判定为合格。

(1) 金属吊装预埋件（产品）力学性能检验

金属吊装预埋件（产品）力学性能检验主要是对预埋件进行拉拔试验。部分预埋件可在试验机上直接进行拉拔试验，但由于大部分金属吊装预埋件端部有放大端或插钢筋，无法在试验机上固定，所以可制作配套的夹具进行连接，以便在试验机上进行拉拔试验。

检验装置要求如下：

吊装预埋件拉拔试验所需设备主要包括万能试验机、百分表及配套夹具。图 2.2.7 为双头吊钉配套夹具，可根据配件尺寸进行加工。万能试验机应能连续、稳定地对吊装预埋件进行加载，万能试验机量程应能满足吊钉加载要求。配套夹具应能满足强度和刚度要求，并且能保证加载过程中吊装预埋件处于轴心受拉状态。

检验步骤：

① 安装吊装预埋件配套夹具，将夹具与试验机夹头安装牢固。

② 安装吊装预埋件，保证预埋件与夹具以及万能试验机夹头轴线一致。

③ 对试件沿轴向连续、均匀施加拉伸荷载，加载速度控制在 1～3kN/min，直到吊装预埋件破坏。

检验结果及合格判定标准：

对承载能力极限检验，当单个试件的试验结果计算吊装预埋件的极限抗拉承载力标准值，大于产品标准或生产厂家给定的极限抗拉承载力标准值时，产品合格。

图 2.2.7　双头吊钉配套夹具

（2）临时支撑预埋件（产品）力学性能检验

临时支撑预埋件的外形尺寸及受力机理与金属吊装预埋件基本相同，其力学性能检验方法可参考上述金属吊装预埋件（产品）力学性能检验。

（3）FRP 夹心保温墙板连接件（产品）力学性能检验

FRP 连接件（产品）力学性能检验主要是对连接件进行拉拔试验和剪切试验，测试其抗拉承载力和抗剪承载力。对于 FRP 连接件，由于外形限制，使其在试验机上不易夹持，并且 FRP 材料虽然本身能够承受较大的拉力，但是抗压性能较差，因此 FRP 连接件不能直接安装于万能试验机上直接夹持。本节采用的方法是将连接件锚固于混凝土基材中进行拉拔试验和剪切试验，通过计算控制 FRP 连接件在混凝土中的锚固深度和混凝土强度，使 FRP 连接件最终发生本身的材料破坏，而不是拔出破坏或其他破坏方式，以得出连接件的产品力学性能。试样的制作方法及详细的拉拔试验参照相关规范规程规定。

检验装置要求如下：

对于 FRP 连接件拉拔试验，加载设备主要为万能试验机，设备应能连续、稳定地对试件进行加载，夹持端应与夹具保持对中。

对于 FRP 连接件剪切试验，加载设备主要为压力机，设备应能连续、稳定地对试件进行加载，抗剪试件中心应与压力机轴心对中。

检验步骤：

① 放置试件至压力机或万能试验机，保证试件中心与加载装置中心对中。

② 连续、稳定地对试件进行加载，直到 FRP 连接件被拉断（剪断），记录破坏荷载。

检验结果及合格判定标准：

对于夹心保温墙板连接件，其力学性能检验为承载能力极限检验，力学性能检验结果和合格判定标准如下：对承载能力极限检验，应依据单个试件的试验结果，分别计算连接件的极限抗拉承载力标准值和抗剪承载力标准值，大于产品标准或生产厂家给定的极限抗拉承载力标准值和极限抗剪承载力标准值，检验结果可判定合格。

（4）不锈钢板式连接件（产品）力学性能检验

不锈钢板式连接件尺寸相对较大、厚度较小、极限承载力较大，当连接件直接安放至万能试验机上进行试验时，由于荷载较大，夹具会破坏连接件两端夹持的钢材。因此，本小节采用在板式连接件上取样的方法进行拉拔试验，试验方法依据《金属材料 拉伸试验 第1部分：室温试验方法》GB/T 228.1—2021。

试验样品要求如下：

试样形状如图2.2.8所示。图2.2.9给出了320mm×200mm不锈钢板式连接件拉拔试样。试样的夹持头部一般比其平行长度部分宽。试样头部与平行长度之间应有过渡半径至少为20mm的过渡弧相连接。头部宽度应不小于1.2b_0（b_0为板试样平行长度的原始宽度）。对于宽度≤20mm的产品，试样宽度可以与产品宽度相同。

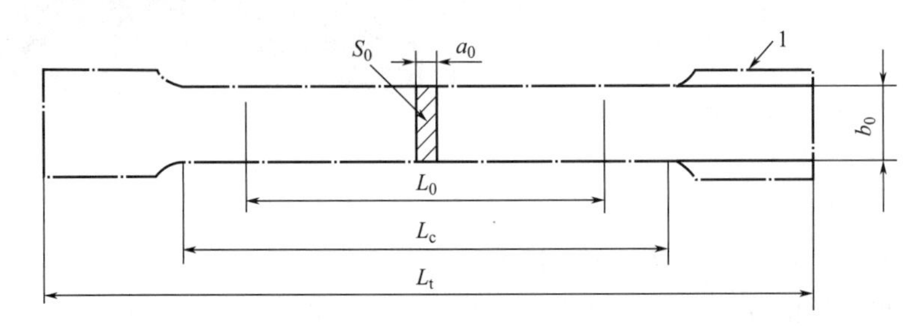

图2.2.8 试样形状图

a_0—板试样原始厚度或管壁原始厚度；L_t—试样总长度；b_0—板试样平行长度的原始宽度；L_0—原始标距；S_0—平行长度的原始横截面面积；L_c—平行长度；1—夹持头部

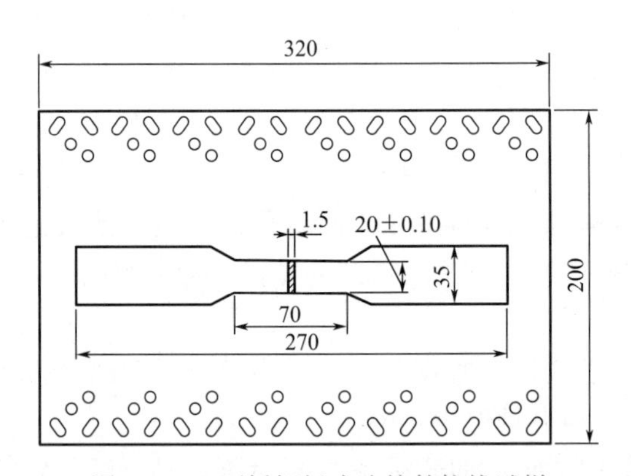

图2.2.9 不锈钢板式连接件拉拔试样

检验设备为万能试验机。设备应能连续、稳定地对试件进行加载，夹持端应与夹具保持对中。

检验步骤：

① 放置试件在万能试验机上，保证试件中心与加载装置中心对中。

② 连续、稳定地对试件进行加载，直至钢材发生破坏，记录破坏荷载。

检验结果及合格评定标准：

对于不锈钢板式连接件抗拉承载力，当单个试件的试验结果计算不锈钢板式连接件的极限抗拉承载力标准值大于产品标准或生产厂家给定的极限抗拉承载力标准值时，检验结果可判定为合格。

（三）出厂检验

建筑配件出厂检验一般由构件厂完成。建筑配件出厂检验和进场检验时，可采用观察法和测量法对配件进行类别、数量和规格检查，配件的类别、规格和数量应符合设计要求；对于施工后不可见的配件，其类别、规格和数量可采用钻芯法结合设计图纸确定。配件类别和规格不符合设计要求的，判定为该批配件质量不合格。

1. 出厂检验内容

（1）文件资料检查；

（2）建筑配件类别、数量和规格检验；

（3）建筑配件外观质量检验；

（4）建筑配件安装尺寸及偏差检验；

（5）建筑配件力学性能检验等。

2. 一般要求

预制构件制作完成出厂时，在同一检验批内，对配件的外观质量应进行全数检查。进行配件尺寸偏差质量检验时，抽样的最小样本容量要求：对同一工作班生产的同类型标准构件，抽查5%且不少于3件；对非标准构件，应抽查10%且不少于3件；对零星生产的构件，应全部检查。对于施工完成后不可见的建筑配件，当对设计参数有疑问或者对锚固质量有怀疑时，可采用图纸并结合钻芯法钻取芯样进行尺寸偏差的检验，应取每一检验批锚固件总数的0.1%且不少于5件进行检验。

对于金属吊装预埋件、临时支撑预埋件，应按照规范相应规定进行抗拉承载能力的非破坏性检验。

对于金属吊装预埋件、临时支撑预埋件，当对其锚固质量或者设计参数有疑问时，力学性能检验的每个检验批可制作5个平行试件，参照相应力学性能平行试验。

3. 检验仪器设备

同进厂检验设备。

4. 出厂检验流程

建筑配件出厂时，吊装、临时支撑、夹心保温墙板内外叶之间的连接件等预埋件均已预埋在混凝土构件中，部分预埋件在构件中属于隐蔽不可见配件，其质量检验存在一定的困难，尤其是力学性能的检验。在构件出厂时，对于不可见的配件，应按比例抽取一定的数量制作平行构件，进行力学性能平行试验。

5. 检验方法及合格判定标准

（1）文件资料检查

建筑配件出厂检验、进场检验及验收时的文件资料检查主要包括下列内容：

1）设计图纸及相关文件；

2）建筑配件的质量证明、出厂合格证、产品说明书、检测报告或认证报告等；

3）建筑配件施工记录以及相关检查结果文件；

4）不可见的建筑配件应有预制构件厂家提供的生产过程质量控制文件等。

合格判定标准：相关资料齐全、无不合格记录且符合设计要求的，可进行后续检验；相关资料不齐全或存在不合格记录、不符合设计要求的，应补齐资料或查找不合格原因，建筑配件符合设计图纸及相关文件要求后可进行后续检验。

(2) 尺寸偏差检查

建筑配件出厂检验和进场检验时，配件的安装尺寸与偏差可采用直尺、卷尺、游标卡尺等仪器检验，不同配件的安装尺寸与偏差允许值详见进厂的相关规定。

合格判定标准：合格点率应达到80%及以上，不合格点的偏差不超过允许偏差的1.5倍，则判定为该批配件质量合格；否则可判定该批配件质量不合格。

(3) 力学性能检验

建筑配件出厂检验时，需对配件进行抗剪和抗拉承载力检验。对于金属吊装预埋件、临时支撑预埋件等非隐蔽构件，抽样后对配件按照相关规范进行力学性能检验；对于夹心保温墙板连接件等隐蔽配件，应制作平行试件进行检验。

合格判定标准：建筑配件的力学性能等应全部满足设计要求。

任务三　配件进施工场地安装前的检验

建筑配件进入施工现场前，因受到预制构件吊装、运输等过程的影响，有可能受到局部损伤，因此，在出厂检验的基础上，施工单位应进一步对建筑配件进行检验。部分预埋件在预制构件中属于不可见配件，如 FRP 连接件等，对其质量现状的检验存在一定的困难，也不能像出厂检验时可以制作平行构件。因此，对于不可见的配件，需要采用破损检验的方式，并结合文件资料检查等，对配件的外观质量、规格数量、安装质量及力学性能进行检验。

1. 文件资料检查

建筑配件进场检验的文件资料检查主要包括以下内容：

（1）建筑配件的质量证明、出厂合格证、产品说明书、检测报告或认证报告等；

（2）安装图纸及相关文件；

（3）建筑配件安装记录以及相关检查记录文件；

（4）隐蔽的建筑配件应有预制构件厂家提供的生产过程质量控制文件等；

（5）其他相关材料。

检查过程中，如存在资料不齐全的，应要求构件生产厂家补齐相关资料，相关资料齐全后方可进行后续检验。

2. 建筑配件外观质量检查

建筑配件进场检验时，配件外观质量检查可按照任务二相关规定进行。

3. 建筑配件类别、数量、规格检验

建筑配件进场检验时，配件的类别、数量、规格的检查可按照任务二相关规定进行。

4. 建筑配件尺寸与偏差检验

建筑配件进场检验时，配件尺寸检验方法及允许偏差可按照任务二相关规定进行。

5. 建筑配件锚固性能检验

建筑配件进场检验时，金属吊装预埋件和临时支撑预埋件的拉拔试验和剪切试验可参考任务二的试验方法。对于构件中的不可见配件，因为进场检验没有平行构件，因此，可结合钻芯法对不可见配件进行锚固性能破坏检验。

（1）夹心保温墙板连接件拉拔试验

1）试验前期芯样制备

夹心保温墙板连接件属于不可见配件，按照任务二的抽样原则结合钻芯法钻取芯样后进行拉拔试验。

① 资料准备。采用钻芯法检测结构混凝土强度前，宜具备下列资料：

a. 工程名称（或代号）及设计、施工、监理、建设单位名称；

b. 构件种类、外形尺寸及数量；

c. 设计混凝土强度等级；

d. 检测龄期、原材料（如水泥品种、粗骨料粒径等）和抗压强度试验报告；

e. 结构或构件质量状况和施工中存在问题的记录；

f. 有关的结构设计施工图等。

② 钻取部位确定

芯样宜在结构或构件的下列部位钻取：

a. 结构或构件受力较小的部位；

b. 便于钻芯机安放与操作的部位；

c. 避开主筋、预埋件和管线的位置。

③ 钻芯施工的注意事项

a. 钻芯机就位并安放平稳后，应将钻芯机固定；固定的方法应根据钻芯机的构造和施工现场的具体情况确定；

b. 钻芯机在未安装钻头之前，应先通电检查主轴旋转方向（三相电动机）；

c. 钻芯时用于冷却钻头和排出混凝土碎屑的冷却水的流量宜为 3～5L/min；

d. 钻取芯样时应控制进钻的速度；

e. 芯样应进行标记；当所取芯样高度和质量不能满足要求时，则应重新钻取芯样；

f. 芯样应采取保护措施，避免在运输和贮存中损坏。

考虑施工安装误差和后续拉拔、剪切试验的所需要的加载平面，FRP 连接件和针式连接件的芯样截面直径为 200mm，芯样尺寸图如图 2.3.1 所示，不锈钢板式连接件和桁架式不锈钢连接件的芯样截面直径为 350mm，芯样尺寸图如图 2.3.2 和图 2.3.3 所示，连接件芯样如图 2.3.4 所示。由于实际工程中墙板大多竖向放置，因此取芯时，墙板可竖向放置进行操作。

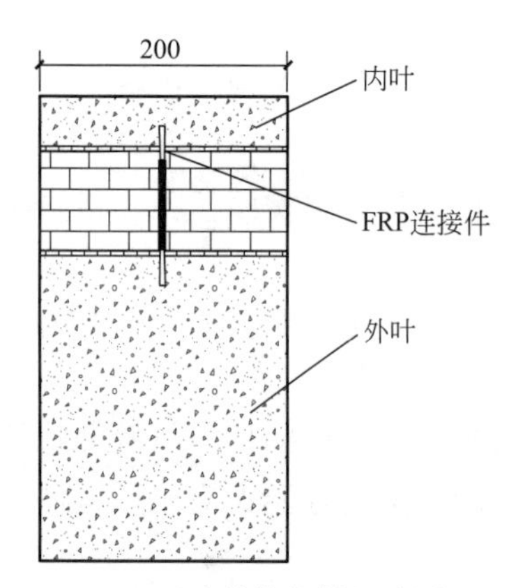

图 2.3.1　FRP 连接件芯样尺寸图

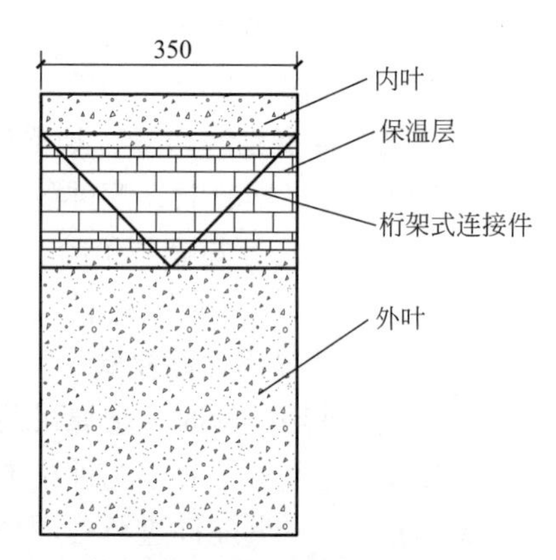

图 2.3.2　桁架式不锈钢连接件芯样尺寸图

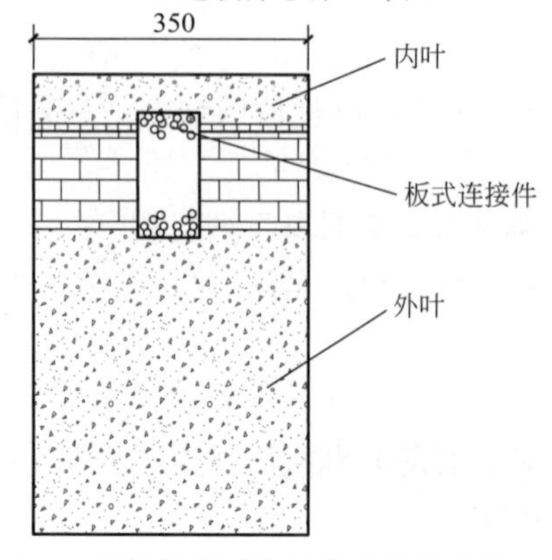

图 2.3.3　不锈钢板式连接件芯样尺寸图

图 2.3.4　连接件芯样

2）试验装置及设备要求

夹心保温墙板连接件拉拔力学性能试验可采用图 2.3.5 所示的试验装置。试验装置包括加载支座、加载钢架、拉拔仪和反力螺母、反力钢板、反力支座等，反力支座外径应略大于加载钢架的外径；试验装置整体应具有足够的刚度，能够满足试验精度要求和加载要求。

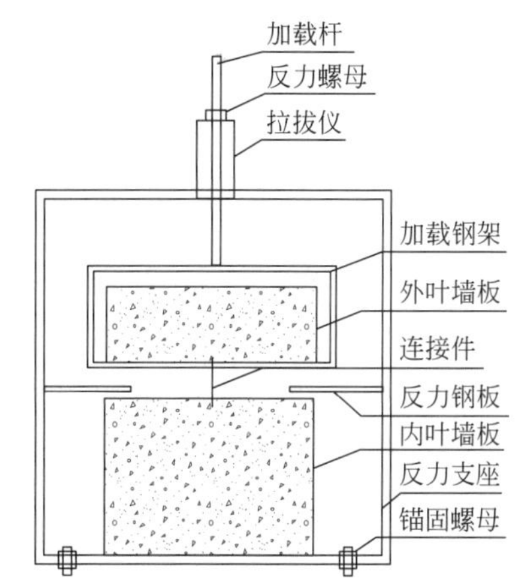

图 2.3.5　夹心保温墙板连接件拉拔力学性能试验装置

百分表要求：仪器的量程不应小于 50mm；其测量的允许偏差应为±0.02mm。

拉拔仪要求：设备的加载能力应比预计的检验荷载值至少大 20%且不大于检验荷载的 2.5 倍，设备应能连续、平稳、可控地运行；加载设备应能够按照规定的速度加载，测力系统整机允许偏差为全量程的±2%；设备的液压加荷系统持荷时间不超过 5min 时，其降荷值不应大于 5%；加载设备应能保证所施加的拉伸荷载始终与夹心保温墙板连接件的轴线一致。

3）试验步骤

a. 安装反力支座，通过锚固螺母与地面紧密连接，试件中心与底座中心对中。

b. 安装加载支座，加载支座应该与试件中心、底座中心对中。

c. 安装拉拔仪、加载杆和反力螺母，拉拔仪中心应与加载支座中心对中。

d. 对试件沿轴向连续、均匀加载，直到加载至设计值，并持荷 2min。加载速率控制在 1～3kN/min。加载过程中，加载设备应能保证所施加的拉伸荷载始终与连接件的轴线一致。

4）检验结果评定

抗拉承载力力学性能检测为承载能力极限检验，力学性能检测结果和合格判定标准如下：对承载能力极限检验，若单个试件的试验结果计算连接件的极限抗拉承载力标准值大于等于产品标准值，则检验结果可判定为合格。

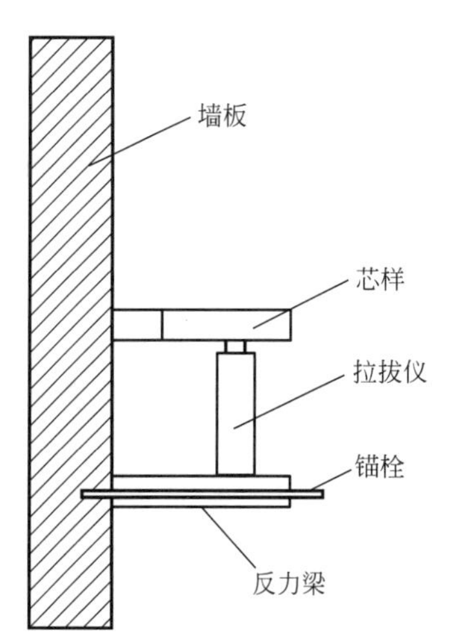

图 2.3.6　夹心保温墙板连接件抗剪试验装置

（2）夹心保温墙板连接件剪切试验

当对不可见配件质量存有疑问时，结合钻芯法进行配件锚固性能检验。

1）试验前期准备

夹心保温墙板连接件剪切试验芯样制备可按照前述内容进行制作。

2）试验装置及设备要求

夹心保温墙板连接件剪切性能试验可采用如图 2.3.6 所示的试验装置。试验装置包括拉拔仪、反力梁、锚栓等。试验装置整体应具有足够的刚度，能够满足试验精度要求和加载要求。

百分表与拉拔仪要求同夹心保温墙板连接件拉拔试验对两者的要求。

3）试验步骤

a. 清理钻芯后墙板预留孔洞；

b. 在芯样下部 100mm 处安装锚栓和反力梁；反力梁中心与锚栓中心对中且均垂直于墙板；

c. 孔洞中涂刷结构胶，并将芯样放入孔中，芯样位置为内叶混凝土外侧与墙板外侧平齐，芯样与墙板粘结牢固；

d. 安装拉拔仪至反力梁，拉拔仪中心与加载板中心、芯样外叶中心对中。

对试件沿轴向连续、均匀加载，并持荷 2min，观察周围混凝土是否破损以及拉拔仪荷载值是否稳定。

4）检验结果评定

连接件抗剪力学性能检测为承载能力极限检验，力学性能检测结果和合格判定标准如下：对承载能力极限检验，当单个试件的试验结果计算连接件的极限抗剪承载力标准值大于产品规定标准值时，检验结果可判定为合格。

练习题

（一）选择题

1. 灌浆套筒进厂后，抽取套筒采用与之匹配的灌浆料制作对中连接接头，进行（　　）检验。

A. 抗压强度　　B. 抗扭强度　　C. 抗剪强度　　D. 抗拉强度

2. 钢筋及预埋件进场验收项目包括查对标牌、检查外观和（　　）检验，验收合格后方可使用。

A. 焊接性能　　B. 化学性能　　C. 物理性能　　D. 力学性能

3. 钢筋力学性能试验，如有一项试验结果不符合国家标准要求，则从同一批钢筋中取（　　）试件重做试验，如仍不合格，则该批钢筋为不合格品，不得在工程中使用。

A. 双倍　　B. 等量　　C. 半数　　D. 三倍

4. 批量灌浆套筒进厂时，应抽取灌浆套筒检验外观质量和尺寸偏差，同一批号、同一类型、同一规格的灌浆套筒，（　　）个灌浆套筒为一个验收批。

A. 500　　B. 1000　　C. 2000　　D. 5000

5. 采用套筒灌浆连接的构件混凝土强度等级不宜低于（　　）。

A. C25　　B. C30　　C. C35　　D. C40

6. 钢筋套筒灌浆连接接头的抗拉连接强度不宜小于（　　），且破坏时应断于接头外钢筋。

A. 连接钢筋抗拉强度标准值　　B. 连接钢筋抗拉强度标准值的 1.5 倍

C. 连接钢筋抗压强度标准值　　D. 连接钢筋抗压强度标准值的 1.5 倍

7. 施工中若更换灌浆套筒、灌浆料，应（　　）进行接头型式检验及规定的灌浆套筒、灌浆料进场检验与工艺检验。

A. 重复　　B. 重新　　C. 反复　　D. 继续

8. 工程应用套筒灌浆连接时，验收时，型式检验报告送检单位与现场接头提供单位应（　　）。

A. 不同　　B. 相似　　C. 分类　　D. 一致

（二）填空题

1. 预埋吊件应选用碳素结构钢、______________或合金结构钢。

2. 预埋吊件采用优质碳素结构钢时，牌号不宜低于__________，其质量符合相关国家标准的规定。

3. 预埋吊件采用合金结构钢时，应选 $20mn^2$ 或__________型合金钢，其质量符合相关国家标准的规定。

4. 吊件中用到的销栓、锚筋的材质宜选用________，其质量符合《钢筋混凝土用钢 第 2 部分：热轧带肋钢筋》GB/T 149.2—2018 的规定。

（三）简答题

1. 金属预埋吊件类型有哪些?

2. 金属预埋吊件外观要求有哪些?

模块三 Modular 03

典型构件制作与检验

一、知识目标

熟悉预制叠合板、预制外墙板生产前的各项准备工作、生产过程中钢筋加工、构件浇筑、构件养护等方面的知识，重点掌握典型构件生产工艺流程和质量验收方法和验收标准。

二、能力目标

能根据图纸选择和装配适合构件浇筑的模具，并预留相应孔洞；能根据构件图纸加工钢筋、绑扎钢筋骨架，安装并固定埋构件；能对影响构件质量和安全生产的工艺流程进行检查验收。

三、素养目标

能与同学团结协作，互相帮助、共同完成工作任务；诚实守信，乐于奉献；能正确开展相关工作。培养爱岗敬业，耐心细致的工作作风。

四、1+X技能等级证书考点

1. 熟练进行图纸识读，能够完成生产前准备工作；熟练选择模具和组装工具，能够进行划线操作，熟练进行模具组装、校准，熟练进行模具清理及隔离剂涂刷，能够进行模具的清污、除锈和维护保养，能够进行工完料清操作。

3.1 模块三典型构件制作与检验

2. 熟练操作钢筋加工设备进行钢筋下料，熟练进行钢筋绑扎、固定及质量检验，熟练进行预埋件固定，并进行预留孔洞临时封堵，构件钢筋工程、管线工程、构件预留孔洞等隐蔽质量检验。

3. 熟练进行布料操作，熟练进行振捣操作，能够进行夹心外墙板等保温材料布置和拉结件安装，熟练处理混凝土粗糙面、收光面。

4. 能够控制养护条件和状态监测，熟练进行养护窑构件出入库操作，能够对养护设备保养及维修提出要求，熟练进行构件的脱模操作。

5. 能够安装构件信息标识，熟练进行构件的直立及水平存放操作，熟练设置多层叠放构件间的垫块，能够进行外露金属件的防腐、防锈操作。

6. 能进行构件成品质量检验，能进行构件存放及防护。

本模块围绕装配式建筑典型构件生产制作过程，对相关生产环节和质量、安全方面要求进行讲解说明。

任务一　叠合板制作与检验

装配式建筑叠合板生产过程主要有生产前准备工作，叠合板模具加工与安装，钢筋加工与绑扎，预埋件安装与固定，混凝土浇筑与养护，叠合板存放与运输等环节。

主要制作工艺流程如图 3.1.1 所示。

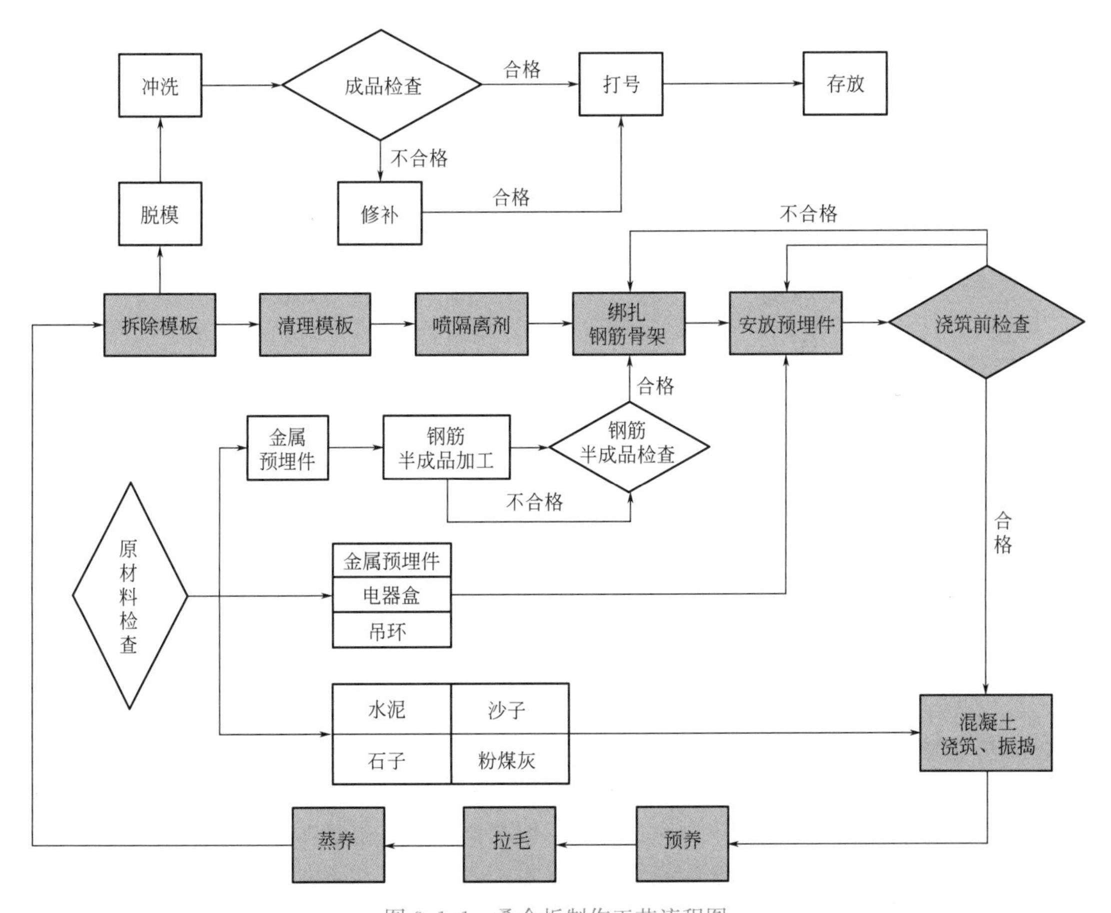

图 3.1.1　叠合板制作工艺流程图

（一）生产准备

叠合板构件生产前，主要准备工作有人员准备、安全准备、技术准备以及叠合板生产线现场准备（包括设备和工具准备和材料准备等）。本任务主要围绕叠合板生产前相关环节等准备工作内容进行详细阐述。

1. 人员准备

为确保叠合板生产的质量和供应，叠合板的生产由预制厂主要领导负责，并配备具有施工管理经验的工程技术人员和生产操作员工。

（1）技术管理人员配置（表 3.1.1）

技术管理人员配置　　表 3.1.1

序号	岗位	数量
1	经理	1
2	技术负责人	1
3	商务负责人	1
4	生产负责人	1
5	实验负责人	1
6	质检负责人	1
7	材料负责人	1
8	设备负责人	1
9	钢筋负责人	1
10	安全员	根据工程规模配置人数，至少 1 人
11	成品库负责人	根据工程规模配置人数，至少 1 人
12	生产组长	根据工程规模配置人数，至少 1 人
13	专检员	根据工程规模配置人数，至少 1 人
14	资料员	根据工程规模配置人数，至少 1 人

（2）现场主要操作人员配置（表 3.1.2）

现场主要操作人员配置　　表 3.1.2

人员类别	人数
钢筋工	≈20
混凝土工	≈20
起重机司机	≈6
模板维修工	≈14

2. 安全准备

参与装配式混凝土建筑工程的各单位应建立健全安全生产责任体系，明确各职能部门、管理人员安全生产责任，建立相应的安全生产管理制度和项目安全管理网络。

施工企业主要负责人、项目负责人及专职安全生产管理人员应当取得安全生产考核合格证书。工程一线作业人员应当按照相关行业职业标准和规定经培训并考核合格，特种作业人员应当取得特种作业操作资格证书。在施工前准备阶段进行安全交底、劳保用品检查、设备设施安全检查等。

（1）安全交底

根据预制构件生产前编制的生产方案，在预制构件生产前，对生产厂区技术负责人及生产人员进行包括安全控制措施、成品存放、运输和保护方案等安全专项交底。

构件生产过程中除应对建筑、结构设计的隐蔽分项工程进行隐蔽工程验收外，还应对施工安装工艺有要求的临时性预埋件、吊耳、孔洞等进行专项验收。安全交底需要交底双方均在交底材料签字确认。

（2）劳保用品检查

1）正确佩戴安全帽

① 头顶与帽体内顶保持一定距离；

② 下颌带必须扣在颌下并系牢；

③ 不要为透气随便再行开孔；

④ 受过重击的安全帽均应报废；

⑤ 严禁使用只有下颌带与帽壳连接的安全帽，即帽内无缓冲层的安全帽；

⑥ 室内作业也要佩戴安全帽；

⑦ 无安全帽一律不准进入施工现场；

⑧ 注重安全帽清洁与保护。

安全帽的正确佩戴方式如图 3.1.2 所示。

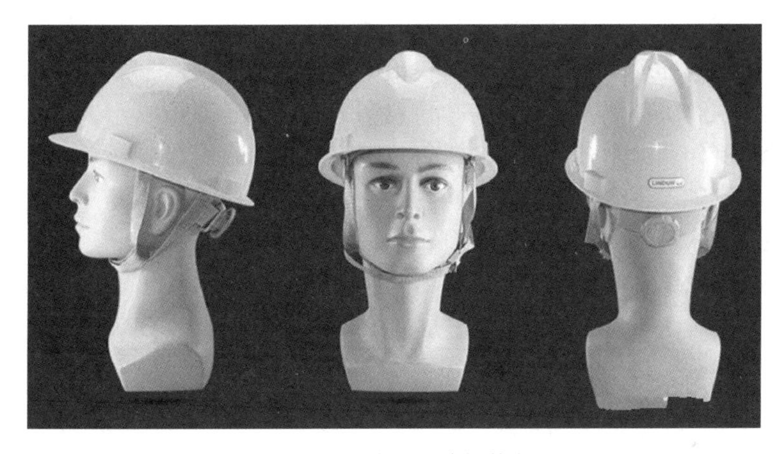

图 3.1.2　安全帽正确佩戴方法

2）正确穿戴劳保工装、防护手套

① 劳保工装做到“统一、整齐、整洁”，并做到“三紧”，即领口紧、袖口紧、下摆紧，严禁发生卷袖口、卷裤腿等现象。

② 必须正确佩戴手套，方可进行实操。

劳保工装、防护手套穿戴标准如图 3.1.3 所示。

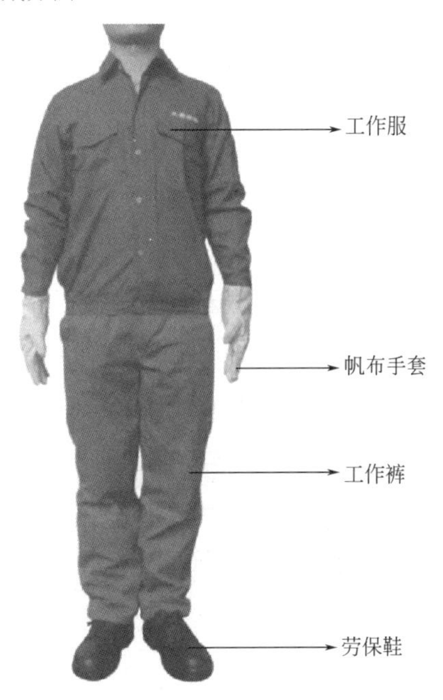

图 3.1.3　劳保工装、防护手套穿戴标准

（3）设备设施安全检查要求

1）禁止使用国家明令淘汰、禁止使用危及生产安全的工艺和设备。

2）应有专人负责管理各种设备及安全设施，制定安全操作规程；建立台账，定期检修维修；对设备及安全设施应制定检修维修计划。

3）设备及安全设施检修维修前应制定方案。检修维修方案应包含作业行为分析和控制措施，检修维修过程中应执行隐患控制措施并进行监督检查。

4）装配式预制构件生产企业应执行设备及安全设施到货验收和报废管理制度，应使用质量合格、设计符合当前要求的设备及安全设施。

5）装配式预制构件生产企业在平台、通道或工作面上可能使用工具、机器部件或物品场合，应在所有敞开边缘设置带踢脚板的防护栏杆。

6）预制构件养护窑移动升降车的安全与防护应符合相关规定。

7）锅炉、压力容器（空压机等）、压力管道、起重机械和厂内专用机动车辆等特种设备的安装、使用、改造、维修、检验检测及其监督检查等应符合相关规定。

3. 技术准备

叠合板生产前准备主要包括熟悉图纸、编制专项生产方案、人员配置与管理等内容。

（1）熟悉图纸

构件生产厂技术人员及项目负责人应及时熟悉图纸，审核设计图纸及深化图纸，对冲突、错误等问题及时办理工程洽商变更，提出生产中难实现或不能实现的关键施工操作问题，并提出或寻求解决办法，与设计等单位协调解决。

根据图纸编制作业计划书，对工人进行技术交底，编制用料清单，并对模板数量、钢筋加工强度及预制顺序进行安排。了解构件钢筋、模板的尺寸和形式、商品混凝土浇筑工程量及基本浇筑方式，以求在施工中达到优质、高效及经济的目的。

某叠合板设计图纸如图 3.1.4 所示。

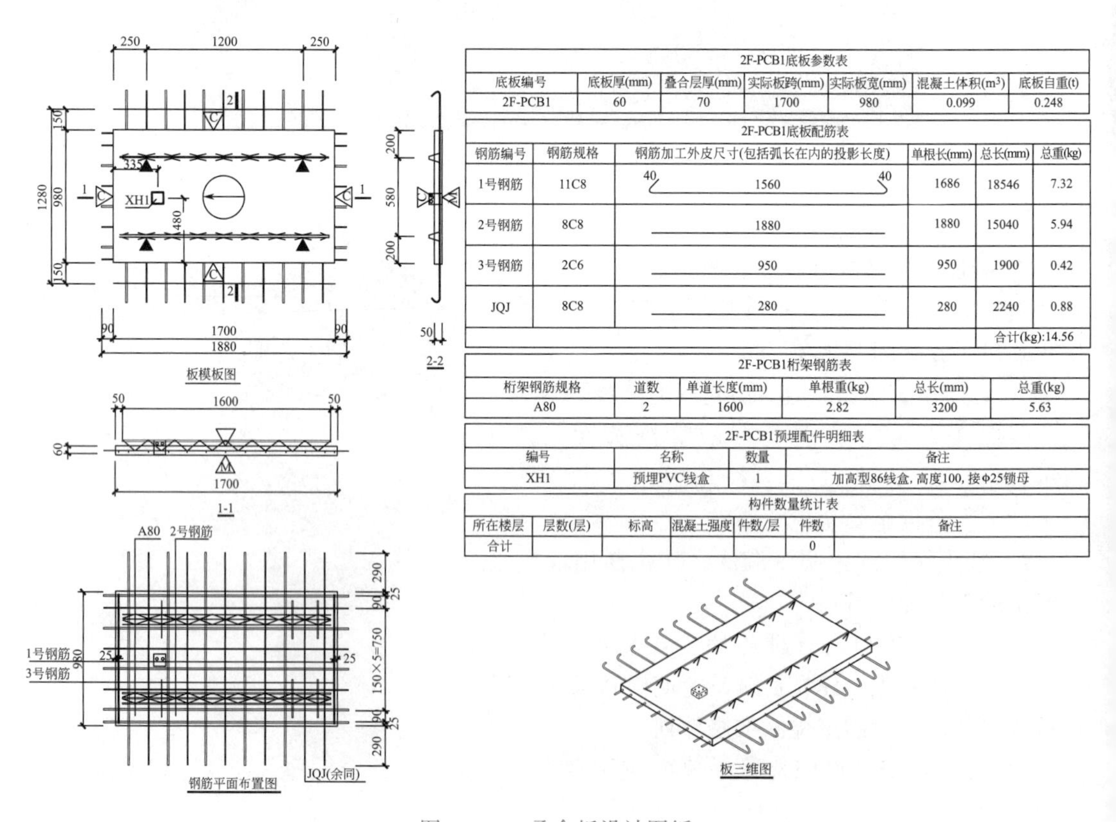

2F-PCB1底板参数表						
底板编号	底板厚(mm)	叠合层厚(mm)	实际板跨(mm)	实际板宽(mm)	混凝土体积(m^3)	底板自重(t)
2F-PCB1	60	70	1700	980	0.099	0.248

2F-PCB1底板配筋表					
钢筋编号	钢筋规格	钢筋加工外皮尺寸(包括弧长在内的投影长度)	单根长(mm)	总长(mm)	总重(kg)
1号钢筋	11C8	40 1560 40	1686	18546	7.32
2号钢筋	8C8	1880	1880	15040	5.94
3号钢筋	2C6	950	950	1900	0.42
JQJ	8C8	280	280	2240	0.88
合计(kg):14.56					

2F-PCB1桁架钢筋表					
桁架钢筋规格	道数	单道长度(mm)	单根重(kg)	总长(mm)	总重(kg)
A80	2	1600	2.82	3200	5.63

2F-PCB1预埋配件明细表			
编号	名称	数量	备注
XH1	预埋PVC线盒	1	加高型86线盒，高度100，接Φ25锁母

构件数量统计表						
所在楼层	层数(层)	标高	混凝土强度	件数/层	件数	备注
合计					0	

图 3.1.4　叠合板设计图纸

（2）编制专项生产方案

由管理者、经营计划部组织生产计划、技术质量部、技术室、构件生产、模板加工、钢筋车间进行项目施工研讨会，根据合同的目标约定，结合预制构件的质量要求、生产技术、工艺流程，及时编制构件生产方案。构件生产厂按程序经过审批后实施。构件的生产方案主要包括以下内容：

（1）生产计划及生产工艺；

（2）模具设计制作及组装；

（3）设备调试计划；

（4）技术质量控制措施；

（5）安全保证措施；

（6）物流管理计划；

（7）成品保护措施。

4. 叠合板生产线现场准备

（1）工具准备

根据生产工艺选择工具。主要工具有拖把、扫把、钢刷、铲刀、打磨机、清扫机、铁锹、墨盒、角尺、钢卷尺、扳手、螺栓、塞尺、钢直尺、施工线、橡胶锤、滚筒、扎钩等。

（2）模具和材料准备

根据构件深化设计加工图中构件模具图、配筋图、预埋吊件及预埋件的细部构造图等，选择相应模具、钢筋和预埋件（图 3.1.5）。

图 3.1.5　根据图纸选择模具和材料

（3）钢筋、模具及场地清理

使用人工用钢刷、铲刀清理钢筋和模具，清理模具时，要防止清扫工具对模具造成损伤，保证所有拼缝处均清理干净，确保组模时无尺寸偏差。

模台用清扫机清理，遇到设备清理不干净或漏清理的情况，由人工进行二次清理。模台必须清理干净，保证构件的底板厚度和表观质量。

场地人工用扫把、铁锹、簸箕、拖把进行清理（图 3.1.6）。

图 3.1.6　场地及模台清理

（4）质量控制

生产前现场准备质量控制贯穿整个生产过程，是体现职业素养和丰富职业经验重要过程。若后面操作过程中发现工具、模具、钢筋、埋件、辅材等型号和数量有误，会影响整个构件制作质量。

因此，在施工准备阶段要求施工作业人员如下要求：

1）工具、模具、钢筋、预埋件、辅材选择合理、数量准确；

2）卫生检查及清理场地。

上述要求体现了装配式建筑工程技术人员需要具备的严谨、细致、团队协作等方面的职业精神要求。

（二）模具组装及检验

1. 基本要求

模具应满足承载力、刚度和整体稳定性的要求，常采用移动式或固定式的钢底模，侧模宜采用型钢或铝合金型材，也可根据具体要求采用其他材料。

对于预制混凝土构件生产中的模具应满足以下几个方面的要求：

（1）应满足预制混凝土构件质量、生产工艺、模具组装与拆卸、周转次数等要求；

（2）应满足预制混凝土构件预留孔洞、插筋、预埋件的安装定位要求；

（3）预应力构件的模具应根据设计要求预设反拱；

（4）组装要稳定牢固，组装完成后，应对照设计图纸进行检查验收，确保准确后方可投入生产。

2. 操作步骤

在模具确定后，采用如下操作步骤组装模具：

（1）定位划线工具：墨盒、角尺、钢卷尺。

操作内容：根据图纸中预制混凝土叠合板模板图尺寸要求在模台定位划线（图 3.1.7），先平行模台划出一端模具位置线，再用角尺和钢卷尺辅助确定两边模具位置并划线，最后划出对面模具位置线。

图 3.1.7　划线机划线

（2）模具摆放

材料：模具。

操作内容：模具安装应按模具安装方案要求的顺序进行。固定在模具上的预埋件、预留孔应位置准确、安装牢固，不得遗漏。模具安装就位后，接缝及连接部位应有接缝密封措施，不得漏浆。

（3）模具初固定

工具：扳手、螺栓。

操作内容：相邻模具螺栓初拧紧。

（4）模具校正

工具：卷尺、角尺、塞尺、钢直尺、施工线、橡胶锤等。

操作内容：按《装配式混凝土建筑技术标准》GB/T 51231—2016 标准要求，用卷尺测量长度、宽度、对角线及组装缝隙是否符合规范要求，若超出误差范围，则用橡胶锤进行调整，调整后再次复测。

（5）模具终固定

用扳手及橡胶锤进行终固定，防止混凝土振捣成型时造成模具偏移和漏浆。

终固定顺序：相邻模具螺栓固定→磁盒固定。

（6）粉刷隔离剂

材料：隔离剂。

工具：滚筒。

操作内容：模具验收合格后均匀涂刷隔离剂，模具夹角处不得漏涂。

顺序：模台粉刷隔离剂→侧模粉刷隔离剂。

预制构件模具尺寸允许偏差和检验方法见表 3.1.3。

预制构件模具尺寸允许偏差和检验方法　　表 3.1.3

项次	检验项目、内容		允许偏差(mm)	检验方法
1	长度	＜6m	1,−2	用尺量平行构件高度方向,取其中偏差绝对值较大处
		＞6m 且≤12m	2,−4	
		＞12m	3,−5	
2	宽度、高(厚)度	墙板	1,−2	用尺量两端或中部,取其中偏差绝对值较大处
3		其他构件	2,−4	
4	底模表面平整度		2	用 2m 靠尺和塞尺量
5	对角线差		3	用尺量对角线
6	侧向弯曲		L/1500 且≤5	拉线,用钢尺量侧向弯曲最大处
7	翘曲		L/1500	拉线,用钢尺量侧向弯曲最大处
8	组装缝隙		1	用塞片或塞尺量,取最大值
9	端模与侧模高低差		1	用钢尺量

（三）钢筋绑扎及检验

在模具组装完成后，采用如下操作步骤绑扎钢筋：

1. 放置垫块

材料：垫块。

操作内容：垫块起到架立钢筋，形成保护层作用。根据垫块放置要求，一般每500mm左右放置梅花状垫块。

2. 钢筋网片摆放绑扎

材料：钢筋、镀锌铁丝。

工具：扎钩。

操作内容：根据图纸要求选择钢筋型号，铺设钢筋网片，控制钢筋间距，进行钢筋绑扎（图3.1.8）。

图3.1.8 钢筋绑扎

质量控制要求如下：

(1) 严格控制网片尺寸，网眼尺寸；

(2) 严格控制钢筋保护层；

(3) 绑扎过程中如遇到尺寸、弯折角度不符合设计要求的钢筋，一律不得绑扎，立即退回；

(4) 严格控制外露钢筋尺寸；

(5) 需要预留孔洞时应当根据要求布置加强筋。

3. 桁架钢筋检查与摆放绑扎

材料：桁架钢筋、镀锌铁丝。

工具：扎钩。

操作内容：检查桁架钢筋（参照表3.1.4）、摆放桁架钢筋，根据图纸位置进行绑扎。顺序：桁架钢筋间距测量→钢筋绑扎。

桁架钢筋尺寸允许偏差表 **表3.1.4**

项次	检验项目	允许偏差(mm)
1	长度	总长度的±0.3%，且不超过±10
2	高度	+1，−3
3	宽度	±5
4	扭翘	≤5

4. 钢筋成品尺寸检测

工具：钢卷尺。

操作内容：检查钢筋的型号、数量、间距、尺寸、搭接长度及外露长度符合施工图纸及规范要求。

钢筋成品的允许偏差和检验方法见表3.1.5。

钢筋成品的允许偏差和检验方法表　　表3.1.5

<table>
<tr><th colspan="3">检验项目</th><th>允许偏差(mm)</th><th>检验方法</th></tr>
<tr><td rowspan="4">钢筋网片</td><td colspan="2">长、宽</td><td>±5</td><td>钢尺检查</td></tr>
<tr><td colspan="2">网眼尺寸</td><td>±10</td><td>钢尺量连续三档，取最大值</td></tr>
<tr><td colspan="2">对角线</td><td>5</td><td>钢尺检查</td></tr>
<tr><td colspan="2">端头不齐</td><td>5</td><td>钢尺检查</td></tr>
<tr><td rowspan="10">钢筋骨架</td><td colspan="2">长</td><td>0，−5</td><td>钢尺检查</td></tr>
<tr><td colspan="2">宽</td><td>±5</td><td>钢尺检查</td></tr>
<tr><td colspan="2">高(厚)</td><td>±5</td><td>钢尺检查</td></tr>
<tr><td colspan="2">主筋间距</td><td>±10</td><td>钢尺量两端、中间各一点，取最大值</td></tr>
<tr><td colspan="2">主筋排距</td><td>±5</td><td>钢尺量两端、中间各一点，取最大值</td></tr>
<tr><td colspan="2">箍筋间距</td><td>±10</td><td>钢尺量连续三档，取最大值</td></tr>
<tr><td colspan="2">弯起点位置</td><td>15</td><td>钢尺检查</td></tr>
<tr><td colspan="2">端头不齐</td><td>5</td><td>钢尺检查</td></tr>
<tr><td rowspan="2">保护层</td><td>柱、梁</td><td>±5</td><td>钢尺检查</td></tr>
<tr><td>板、墙</td><td>±3</td><td>钢尺检查</td></tr>
</table>

（四）预埋件安装及检验

1. 预埋件固定：吊环、线盒（如有）

工具：扎钩。

操作内容：根据图纸位置要求固定预埋件，防止混凝土浇筑时污染。

预埋件埋设及固定如图3.1.9所示。

图3.1.9　预埋件埋设及固定

2. 预埋件检测

工具：卷尺、钢直尺。

操作内容：严格按照设计给出的尺寸要求，检查预埋件的垂直度、高度、预埋位置等（表 3.1.6）。

检查数量：在同一检验批内，对梁、柱和独立基础，应抽查构件数量的 10%，且不少于 3 件；对墙和板，应按有代表性的自然间抽查 10%，且不少于 3 间；对大空间结构墙可按相邻轴线间高度 5m 左右划分检查面；板可按纵、横轴线划分检查面，抽查 10%，且均不少于 3 面。

检验方法：钢尺检查。

模具上预埋件、预留孔洞安装允许偏差　　表 3.1.6

项次	检验项目		允许偏差(mm)	检验方法
1	预埋钢板、建筑幕墙用槽式预埋组件	中心线位置	3	用尺量测纵横两个方向的中心线位置，取其中较大值
		平面高差	±2	钢直尺和塞尺检查
2	预埋管、电线盒、电线管水平和垂直方向的中心线位置偏移；预留孔、浆锚搭接预留孔（或波纹管）		2	用尺量测纵横两个方向的中心线位置，取其中较大值
3	插筋	中心线位置	3	用尺量测纵横两个方向的中心线位置，取其中较大值
		外露长度	+10,0	用尺量测
4	吊环	中心线位置	3	用尺量测纵横两个方向的中心线位置，取其中较大值
		外露长度	0,−5	用尺量测
5	预埋螺栓	中心线位置	2	用尺量测纵横两个方向的中心线位置，取其中较大值
		外露长度	+5,0	用尺量测
6	预埋螺母	中心线位置	2	用尺量测纵横两个方向的中心线位置，取其中较大值
		平面高差	±1	钢直尺和塞尺检查
7	预留洞	中心线位置	3	用尺量测纵横两个方向的中心线位置，取其中较大值
		尺寸	+3,0	用尺量测纵横两个方向尺寸，取其中较大值
8	灌浆套筒及连接钢筋	灌浆套筒中心线位置	1	用尺量测纵横两个方向的中心线位置，取其中较大值
		连接钢筋中心线位置	1	用尺量测纵横两个方向的中心线位置，取其中较大值
		连接钢筋外露长度	+5,0	用尺量测

（五）构件混凝土浇筑振捣

1. 混凝土浇筑工艺说明

（1）搅拌站按要求搅拌混凝土（配合比、坍落度、体积）；

（2）通过运输小车，向布料机投料；

（3）布料机（图 3.1.10）扫描到基准点开始自动布料或手动布料；

（4）锁紧模台，振动平台工作至混凝土表面无明显气泡溢出时停止振捣，清理模具、模台以及地面上残留混凝土；

（5）停止振动后松开模台锁紧机构，完成浇筑、振捣；

（6）浇筑后，检验模具、埋件，若发生胀模、位移或封堵腔内进混凝土现象，要立即处理。

图 3.1.10　混凝土布料机布料

同种配合比的混凝土每工作班取样一次，做抗压强度试块不少于 4 组（每组 3 块），分别代表出模强度、出厂强度及 28d 强度，一组同条件备用。试块与构件同时制作，同条件蒸汽养护，构件脱模前由实验室进行混凝土试块抗压试验并出具混凝土抗压强度报告。

2. 注意事项

（1）浇筑前要对前面工序进行检验，尤其是预埋件固定强度及模具固定强度；

（2）浇筑过程尽量避开预埋件位置；

（3）浇筑过程控制混凝土浇筑量，保证构件厚度；

（4）如有特殊情况（如坍落度过小、局部堆积过高等）时进行人工干预，用振捣棒辅助振捣，此过程不允许振捣棒触碰预埋件；

（5）清理散落在模具、模台和地面上的混凝土，保持该工位清洁。

（六）抹面及拉毛（图 3.1.11）

抹面及拉毛工艺说明：

（1）用塑料抹子粗抹，做到表面基本平整，无外漏石子，外表面无凹凸现象；

（2）特别注意电盒四周的平整度及安装穿线管预留位置；

（3）混凝土达到合适的初凝状态时进行表面拉毛工作，拉毛工作要求平直、均匀、深度一致，保证在 3～5mm。

（七）构件养护（图 3.1.12）

构件蒸养工艺要求：

图 3.1.11　构件抹面及拉毛

（1）拉毛后蒸养前需静停，以手压无痕为准；
（2）自动线会自动将叠合板放入整体蒸养室内；
（3）养护最高温度不高于 60℃；
（4）养护总时间不少于 8h；
（5）操作工随时监测养护窑温度，并做好记录；
（6）蒸养后，混凝土强度达到标养强度的 70%以上，混凝土表面无裂纹。

图 3.1.12　构件进蒸汽养护室养护

（八）脱模与吊装（图 3.1.13～图 3.1.15）

1. 脱模

脱模工艺要求：
（1）检查构件强度达到吊装强度要求（不低于 20MPa）；
（2）拆卸模具上所有紧固螺丝、磁块、胶封胶堵等分类集中存放；
（3）使用拆模工具（工装）将模具与预制构件混凝土分离；

（4）拆下的模具清理干净后，做好标记，放置到指定位置，待下次使用。

2. 注意事项

（1）拆卸模板时尽量不要使用重物敲打模具；

（2）拆模过程中要保证构件的完整性；

（3）拆卸下来的工装、紧固螺栓等零件必须放到工具箱内，分类、集中存放；

（4）拆模用工具使用后放到指定位置，摆放整齐；

（5）将混凝土残渣等杂物清扫干净，保持该工位清洁。

图 3.1.13　构件脱模

图 3.1.14　构件吊装起板

图 3.1.15　构件侧翻起构件（适用于竖向构件）

3. 吊装

（1）吊装工艺要求

1）混凝土强度达到 20MPa 后方可进行调运工作；

2）按照图纸标注的吊点位置安装吊具；

3）起吊后的构件放到指定的构件冲洗区域进行水洗面作业；

4）放置时，在叠合板下方垫端面为 300mm×300mm 木方，保证叠合板平稳，不允许磕碰；

5）保证叠合板水平起吊平稳，不允许发生碰撞。

（2）注意事项

1）起吊前检查专用吊具及钢丝绳是否存在安全隐患；

2）指挥人员要与吊车工配合并保证构件平稳吊运；

3）整个过程不允许发生磕碰，且在调运通道严禁交叉作业；

4）起吊工具、工装、钢丝绳等使用过后要存放到指定位置，妥善保管，定期检查。

（九）构件清洗与检验标识入库

利用起重机将符合强度要求，拆模后的构件吊运至冲洗区；用高压水枪冲洗构件四周，形成粗糙面；拆除水电等预留孔洞的各种模具模块；检查构件外观，无误后报检并填写入库单办理入库交接手续。

注意事项：

（1）检查有缺陷的构件并运到缓冲区处理；

（2）重复利用的模块放到指定的位置；

（3）一次性使用的模块收集并放到指定位置；

（4）按操作规程冲洗构件的四周，并确保露骨深度达到质量标准（图 3.1.16）；

（5）用吊车将构件运到物流车上，避免发生碰撞，构件下方垫截面为300mm×300mm木方保证平稳。

图 3.1.16　构件冲洗

根据图纸编号进行喷涂编号，清晰、字体工整、信息准确；传统的预制混凝土构件的标志常采用在预制混凝土构件表面用黑色水性笔进行手写标志或采用挂牌的形式进行标识。随着科技和计算机技术的快速发展，为了在预制混凝土构件生产、运输、存放和装配施工等环节实现预制混凝土构件信息的无损传递，实现精细化的管理和产品的质量追溯，目前常采用内埋 RFID 芯片或粘贴二维码的形式，是每个预制混凝土构件唯一的身份识别码，并在预制混凝土构件生产时，将 RFID 芯片预埋或二维码粘贴在同一位置，方便识取，如图 3.1.17 所示。

图 3.1.17　构件二维码、芯片预埋置入标识编码

构件堆场应平整坚实，并设有排水措施，堆放时底板与地面之间应采用木方垫支。

不同板号应分别堆放。堆放高度不得大于6层，且堆放时间不得超过两个月。

叠合板层间需采用木方垫支，并保证上下层垫木对齐。垫木可采用长、宽、高为300mm×100mm×100mm的木方，并应保证所有木方高度一致；如高度不一，也可采用木方上铺20mm聚苯板找平。

构件入库如图3.1.18所示。

图3.1.18　构件入库

微课——叠合楼板制作与检验

3.2叠合楼板生产工艺流程

任务二　预制外墙板制作与检验

装配式建筑预制外墙板生产过程主要有生产前准备工作，墙板模具加工与安装，钢筋加工与绑扎，预埋件安装与固定，混凝土浇筑与养护，翻板与吊装等环节。

预制外墙板制作工艺流程图如图 3.2.1 所示。

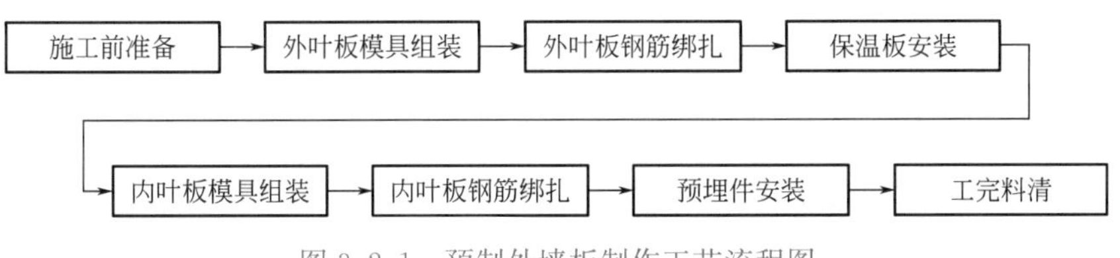

图 3.2.1　预制外墙板制作工艺流程图

本任务围绕装配式建筑典型竖向构件预制外墙板生产制作过程，对相关生产环节和质量、安全方面要求进行说明。

（一）施工前准备

准备工作大致同叠合板构件生产准备，其中不同点在技术准备中，尤其是构件图纸不同、生产构件的钢筋、配件、工具和模具也不尽相同。因此，预制外墙板生产前技术准备要在熟悉构件加工图基础上，编制预制外墙板生产专项生产方案，配备合适材料、人员和模具等内容。

1. 熟悉图纸

构件生产厂技术人员及项目负责人应及时熟悉预制构件生产图纸，审核设计图纸及深化图纸，对冲突、错误等问题及时办理工程洽商变更，提出生产中难实现或不能实现的关键施工操作问题，并提出或寻求解决办法，与设计等单位协调解决。

根据墙板配筋图（图 3.2.2）图纸编制作业计划书，对工人进行技术交底，编制用料清单，并对模板数量、钢筋加工强度及预制顺序进行安排。了解构件钢筋、模板的尺寸和形式及商品混凝土浇筑工程量及基本浇筑方式，以求在施工中达到优质、高效及经济的目的。

2. 劳保用品准备

劳保用品包括：工作服、手套、安全帽等劳保用品。

工作内容：正确穿戴劳保用品，并相互检查穿戴是否整齐，安全帽后箍和下颌带是否调整合适。

3. 模台清理

待上一预制混凝土构件被脱模起吊或翻转运输完成后，模台通过横移车前行至清扫机工位。清扫机将模台台面上零星的混凝土碎屑、砂浆等杂物自动归纳进废料收集斗，同时对模台表面进行刷洗处理，在清扫过程中产生的粉尘被收集到除尘器内。

如果模台通过清扫机后的清扫效果不佳，则需要人工手持铲刀或角磨机，进行二次清除和打磨，将模台上粘接的混凝土彻底清理干净，确保模台彻底干净。

4. 下发图纸

资料：预制混凝土剪力墙外墙板构件详图。

操作内容：预制构件加工制作前应绘制并审核预制构件深化设计加工图，具体内容包括：预制构件模具图、配筋图（图 3.2.2、图 3.2.3）、预埋吊件及预埋件的细部构造图等。根据图纸要求准备预制混凝土剪力墙外墙板模具和钢筋。

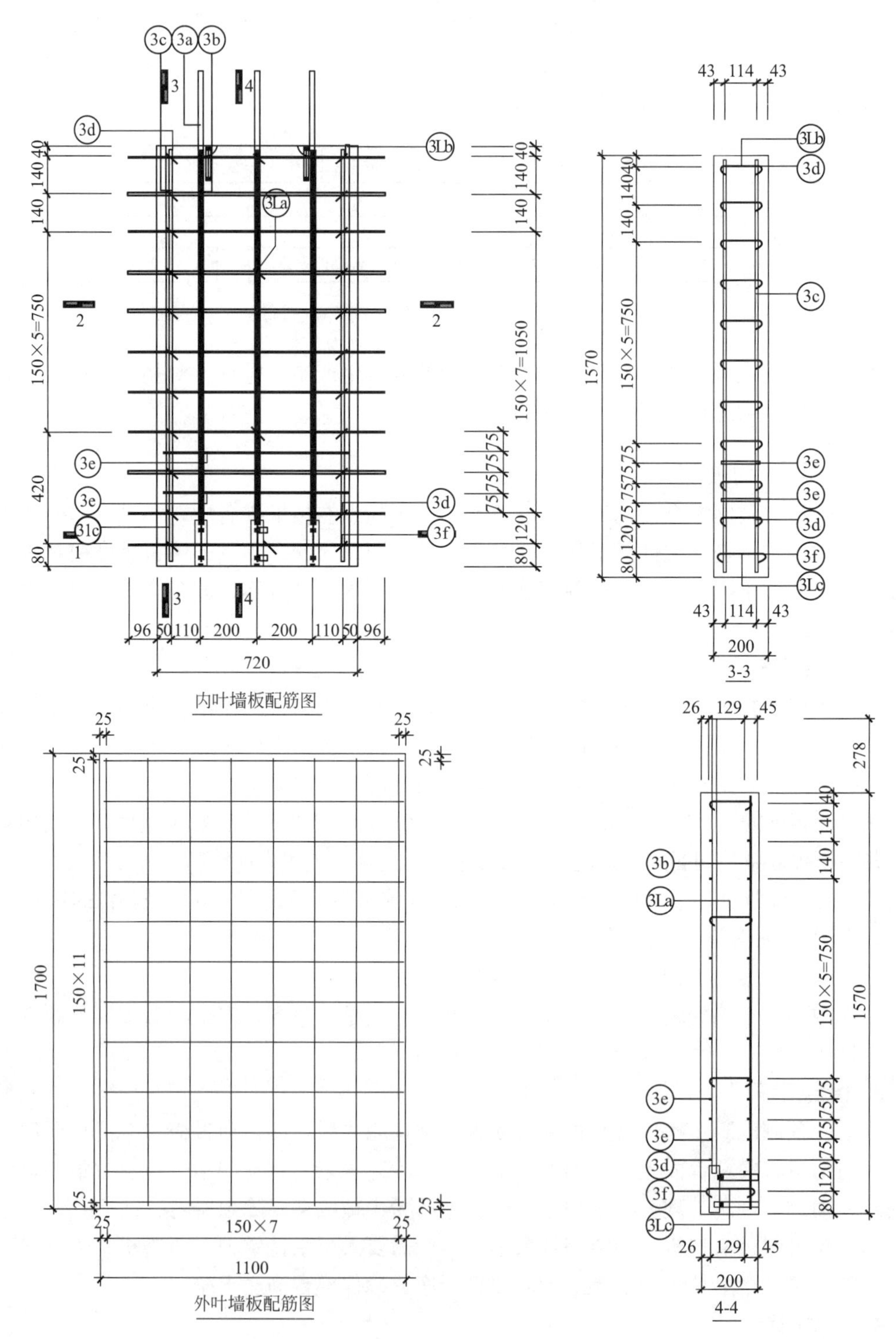

图 3.2.2 墙板配筋图

1F-PCWQ1墙参数表				
墙编号	外叶板混凝土体积(m^3)	内叶板混凝土体积(m^3)	保温层体积(m^3)	构件重量(t)
1F-PCWQ1	0.094	0.225	0.090	0.572

1F-PCWQ1内叶墙板配筋表					
钢筋编号	钢筋规格	钢筋加工尺寸(设计方交底后方可生产)	单根长(mm)	总长(mm)	总重(kg)
3a	3C16	23 1396 278 车丝23mm	1697	5088	8.04
3b	3C6	1540	1540	4620	1.03
3c	4C12	1540	1540	6160	5.47
3d	10C8	920 134	2108	21080	8.13
3e	2C8	668 134	1604	3208	1.23
3f	1C8	920 162	2164	2164	0.83
3La	3C6	30 160 30	255	764	0.17
3Lb	20C6	30 154 30	249	4974	1.1
3Lc	2C6	30 182 30	277	553	0.12
				合计(kg)：26.12	

1F-PCWQ1外叶墙板配筋表						
钢筋编号	钢筋规格	钢筋加工尺寸(设计方交底后方可生产)	单根长(mm)	总长(mm)	总重(kg)	备注
1	8Φ5	1660	1660	11620	1.79	焊接钢筋网片
2	12Φ5	1060	1060	10600	1.64	

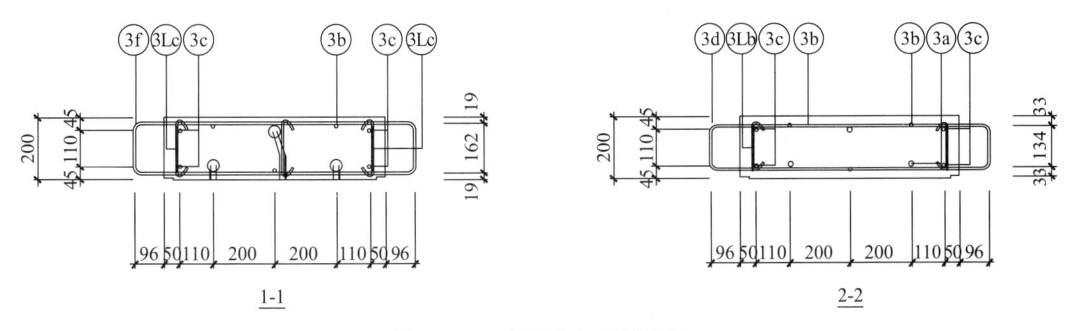

图 3.2.3　配筋表和配筋详图

（二）模具组装

模台清理、打磨干净后，将模台运行至划线机工位。根据设计图纸的信息，在划线机的操作界面上输入预制混凝土构件的信息，输入完成后，划线机自动在模台的台面上进行单个或多个预制混凝土构件的模具边线、预埋件安装位置的绘制。对于有门窗洞口的墙板，应绘制出门窗洞口的位置线。

划线完成后，开始进行模具的组装。模具组装时应满足以下要求：

（1）模具组装前，应确保模台和模具必须清理干净。对于隔离剂或者缓凝剂的喷涂需要在模具组装完成后，由专人按要求比例配置隔离剂（或缓凝剂），涂抹时采用干净的涂抹工具在模台和模具四周涂抹均匀，以利于预制混凝土构件的起吊、翻板和拆模。涂刷时应涂刷均匀、无漏刷、无堆积，严禁涂刷到钢筋上，流淌的多余隔离剂（或缓凝剂）必须用抹布或海绵吸附清理干净。

（2）模具组装前，模具接触面平整度、板面弯曲、拼装缝隙、几何尺寸等应满足相关设计要求，允许偏差及检验方法应符合表 3.2.1 的规定。构件上的预埋件和预留孔洞宜通过模具进行定位，并安装牢固，其安装允许偏差应符合表 3.2.2 的规定。

预制混凝土构件模具尺寸的允许偏差和检验方法　　　　表 3.2.1

项次	检验项目、内容		允许偏差(mm)	检验方法
1	长度	≤6m	1,−2	用尺量平行构件高度方向,取其中偏差绝对值较大处
		>6m 且≤12m	2,−4	
		>12m	3,−5	
2	宽度、高(厚)度	墙板	1,−2	用尺测量两端或中部,取其中偏差绝对值较大处
3		其他构件	2,−4	
4	底模表面平整度		2	用 2m 靠尺和塞尺量
5	对角线差		3	用尺量对角线
6	侧向弯曲		L/1500 且≤5	用钢尺量侧向弯曲最大处
7	翘曲		L/1500	对角拉线测量交点间距离值的两倍
8	组装缝隙		1	用塞片或塞尺量测,取最大值
9	端模与侧模高低差		1	用钢尺量

注：L 为模具与混凝土接触面中最长边的尺寸。

模具上预埋件和预留孔洞安装允许偏差　　　　表 3.2.2

项次	检验项目		允许偏差(mm)	检验方法
1	预埋钢板、建筑幕墙 用槽式预埋组件	中心线位置	3	用尺量:测纵、横两个方向的中心线位置,取其中较大值
		平面高差	±2	钢直尺和塞尺检查
2	预埋管、电线盒、电线管水平和垂直方向的中心线位置偏移;预留孔、浆锚搭接预留孔(或波纹管)		2	用尺量测纵、横两个方向的中心线位置,取其中较大值
3	插筋	中心线位置	3	用尺量测纵、横两个方向的中心线位置,取其中较大值
		外露长度	+10,0	用尺量测
4	吊环	中心线位置	3	用尺量测纵、横两个方向的中心线位置,取其中较大值
		外露长度	0,−5	用尺量测

续表

项次	检验项目		允许偏差(mm)	检验方法
5	预埋螺栓	中心线位置	2	用尺量测纵、横两个方向的中心线位置,取其中较大值
		外露长度	+5,0	用尺量测

(3) 模具组装时，按模具安装方案要求的顺序进行。固定在模具上的预埋件、预留孔应位置准确、安装牢固，不得遗漏。模具安装就位后，接缝及连接部位应有接缝密封措施，不得漏浆。先摆放固定端模具，螺栓对准预留螺栓孔，并拧紧螺栓，再摆放其他三块模具。相邻模具螺栓初步拧紧。

(4) 模具组装时应连接牢固、缝隙严密，组装时应进行表面清洗或涂刷隔离剂(图 3.2.4)，接触面不应有划痕、锈渍和氧化层脱落等现象。在拼接部位应粘贴密封条来防止漏浆。

图 3.2.4　涂刷隔离剂

(5) 用卷尺测量长度、宽度、对角线及组装缝隙是否符合规范要求，若超出误差范围，则用橡胶锤进行调整，调整后再次复测。模具组装完成后模具的尺寸允许偏差及检验方法应满足表 3.2.3 的规定。

模具组装尺寸允许偏差及检验方法　　表 3.2.3

测定部位	允许偏差(mm)	检验方法
边长	±2	钢尺四边测量
对角线误差	3	用细线测量两根对角线尺寸,取差值
底模平整度	2	对角用细线固定,钢尺测量细线到底模各点距离的差值取最大值
侧板高差	2	钢尺两边测量取平均值
表面凸凹	2	靠尺和塞尺检查
扭曲	2	对角线用细线固定,钢尺测量中心点高度差值
翘曲	2	四角固定细线,钢尺测量细线到钢模边距离,取最大值
弯曲	2	四角固定细线,钢尺测量细线到钢模顶距离,取最大值
侧向扭曲	$H<300$,1	侧模两对角用细线固定,钢尺测量中心点高度
	$H>300$,2	侧模两对角用细线固定,钢尺测量中心点高度

(6) 在固定模台上组装模具时，模具与模面的连接部位应选用螺栓、定位销或磁力盒；机械手组模时，由组模机械手将边模按照放好的模具边线逐个摆放，并按下磁力

图 3.2.5　磁力盒固定模具

盒开关把边模通过磁力与模台连接牢固；磁力盒之间的距离不大于 1.2m，如图 3.2.5 所示。

（7）组装完成后的模具应对照设计图纸进行自检，然后由质检员进行复检，确保模具组装的尺寸符合设计要求。

（三）装饰面层敷设（根据构件是否需要）

对于带装饰面层的预制混凝土构件，可采用面砖或石材作为装饰面的材料，其生产工艺可采用反打一次成型的工艺进行制作，在制作过程中应符合下列要求：

（1）当构件饰面层采用面砖时，在模具中铺设面砖前，应根据排砖图的要求进行配砖和加工；饰面砖应采用背面带有燕尾槽或粘结性能可靠的产品；

（2）当构件饰面层采用石材时，在模具中铺设石材前，应根据排板图的要求进行配板和加工；应按设计要求在石材背面钻孔、安装不锈钢卡钩、涂覆隔离层；

（3）对于具有抗裂性和柔韧性、收缩小且不污染饰面的材料嵌填面砖或石材之间的接缝，应采取防止面砖或石材在安装钢筋、浇筑混凝土等生产过程中发生位移的措施。

（四）钢筋绑扎及钢筋网片、钢筋骨架安装

1. 进场原材料检验

（1）原材料进厂。钢筋每一批号都要有出厂证明书和试验报告单。使用前，须由实验室取样钢筋试验。检验合格后方可进行钢筋加工，检验不合格进行退货处理。

钢筋取样时，钢筋端部要先截 50cm，再取试样，每组试样要分别标记，不得混淆。不合格的钢筋严禁使用。

（2）钢筋堆放。钢筋必须按不同等级、牌号、规格及生产厂家分批验收、分别堆存，不得混杂，且应挂牌以便识别。钢筋堆放要按照标识区域堆放整齐。

2. 钢筋加工

钢筋配料根据构件配筋图，先给出各种形状和规格的单根钢筋图并加以编号，然后分别计算钢筋下料长度和根数，填写配料单，申请加工。

3. 钢筋安装

模具组装完成后，模台移动至钢筋安装工位，进行钢筋和钢筋骨架的安装。安装时按照下列顺序进行，应满足下列要求：

（1）放置垫块。垫块起到架立钢筋，形成保护层作用。根据垫块放置要求，一般每 500mm 左右放置垫块。垫块应与钢筋、钢筋网片和钢筋骨架绑扎牢固，垫块按梅花状布置，间距满足钢筋限位及控制变形要求，钢筋绑扎丝甩扣应弯向构件内侧。

（2）钢筋骨架摆放绑扎。先将钢筋与套筒连接，然后摆放钢筋。顺序：横向钢筋摆放→纵向钢筋摆放→拉筋摆放→钢筋绑扎，钢筋摆放时注意带灌浆套筒的钢筋需要固定。

具体要求如下：严格控制网片尺寸，网眼尺寸；严格控制钢筋保护层；绑扎过程中如遇到尺寸、弯折角度不符合设计要求的钢筋，一律不得绑扎，立即退回；严格控制外露钢筋尺寸；需要预留梁槽或孔洞时应当根据要求布置加强筋。

(3) 钢筋、钢筋网片和钢筋骨架入模时应平直、无损伤，表面不得有油污或者锈蚀，且钢筋、钢筋网片及钢筋骨架安装时要注意钢筋尽量不要沾到隔离剂。

(4) 钢筋、钢筋网片和钢筋骨架的尺寸应准确，钢筋网片和钢筋骨架吊装时应采用多吊点的专用吊架（图 3.2.6），防止骨架产生变形。

图 3.2.6　钢筋骨架吊装

(5) 钢筋成品尺寸检测。检查钢筋的型号、数量、间距、尺寸、搭接长度及外露长度符合施工图纸及规范要求。

（五）预埋件安装与检查

1. 预埋件安装

钢筋、钢筋网片和钢筋骨架入模完成后，应按构件设计图纸安装钢筋连接用灌浆套筒、预埋件、拉结件、预留孔洞、门窗框等，以满足吊装、施工的安全性、耐久性和稳定性要求。根据图纸位置要求采用辅助工具固定预埋件，防止混凝土浇筑时污染。

2. 预埋件检测

由于预制混凝土构件中的预埋件及预留孔洞的形状尺寸和中线定位非常重要，因此构件上的预埋件和预留孔洞宜通过模具进行定位，并安装牢固，生产时应按要求进行逐个检验。预埋件要固定牢固，防止混凝土浇筑振捣过程中出现松动偏位，在预埋件位置固定后、混凝土浇筑之前，质检员要对预埋件的位置及数量进行专项检查，确保准确无误。连接套筒、预埋件、拉结件、预留孔洞等的允许偏差及检验方法应符合表 3.2.4 的规定。

连接套筒、预埋件、拉结件、预留孔洞等的允许偏差及检验方法　　表 3.2.4

项目	允许偏差(mm)		检验方法
连接套筒	中心线位置	±3	钢尺检查
	安装垂直度	1/40	拉水平线、竖直线测量两端差值，且满足施工误差要求
外装饰敷设	图案、风格、色彩、尺寸		与构件设计制作图对照及目视
预埋件插筋、固定吊具等	中心线位置	±5	钢尺检查
	外露长度	+5～0	钢尺检查，且满足施工误差要求
	安装垂直度	1/40	拉水平线、竖直线测量两端差值，且满足施工误差要求
拉结件	中心线位置	±3	钢尺检查
	安装垂直度	1/40	拉水平线、竖直线测量两端差值，且满足施工误差要求

续表

项目	允许偏差(mm)		检验方法
预留孔洞	中心线位置	±5	钢尺检查
	尺寸	+8,0	钢尺检查
其他需要先安装的部件	安装状况:种类、数量、位置、固定状况		与构件设计制作图对照及目视

(六) 混凝土浇筑

1. 混凝土的搅拌

(1) 混凝土的搅拌制度。为了获得质量优良的混凝土拌合物，除选择适合的搅拌机外，还必须制定合理的搅拌制度，包括搅拌时间、投料顺序等。

(2) 搅拌时间。在生产中应根据混凝土拌合料要求的均匀性、混凝土强度增长的效果及生产效率等因素，规定合适的搅拌时间。搅拌时间过短，混凝土拌合不均匀，强度和易性下降；搅拌时间过长，不但降低生产效率，而且还会造成混凝土工作性能损失严重，导致振捣难度加大，影响混凝土的密实度。

(3) 投料顺序。投料顺序应从提高搅拌质量，减少叶片和衬板的磨损，减少拌合物与搅拌筒的粘结，减少水泥飞扬和改善工作环境等方面综合考虑确定。通常的投料顺序为：石子、水泥、粉煤灰、矿粉、砂、水和外加剂。

(4) 混凝土搅拌的操作要点：

1) 搅拌混凝土前，应往搅拌机内加水空转数分钟，再将积水排净，使搅拌筒充分润湿；

2) 拌好后的混凝土要做到基本卸空。在全部混凝土卸出之前不得再投入拌合料，更不得采取边出料边进料的方法；

3) 严格控制水胶比和坍落度，未经试验人员同意不得随意加减用水量；

4) 在每次用搅拌机拌合第一罐混凝土前，应先开动搅拌机空车运转，运转正常后，再加料搅拌。拌第一罐混凝土时，宜按配合比多加入10%的水泥、水、细骨料的用量；或减少10%的粗骨料用量，使富余的砂浆布满鼓筒内壁及搅拌叶片，防止第一罐混凝土拌合物中的砂浆偏少；

5) 在每次用搅拌机开始搅拌时，应注意观察、检测开拌的前二三罐混凝土拌合物的和易性。如不符合要求，应立即分析原因并处理，直至拌合物的和易性符合要求，方可持续生产。

(5) 混凝土搅拌的质量要求。拌制的混凝土拌合物的匀质性按要求进行检查。在检查混凝土匀质性时，应在搅拌机卸料过程中，从卸料流出的1/4～3/4部位采取试样。检测结果应符合下列规定：

1) 混凝土中砂浆密度，两次测值的相对误差不应大于0.8%。

2) 单位体积混凝土中粗骨料含量，两次测量的相对误差不应大于5%。

3) 混凝土搅拌时间应符合设计要求。混凝土的搅拌时间，每一工作班至少应抽查2次。

4）坍落度检测，通常用坍落度筒检测，适用于粗骨料粒径不大于40mm的混凝土。

5）其他性能指标如含气量、氯离子含量、混凝土内部温度等也应符合现行相关标准要求。

2. 混凝土运输

通常情况下预制混凝土构件混凝土用量较少，运输距离短，主要采用以下三种方式运输：

（1）普通运输车。运输效率可能无法满足生产所需，而且运输过程中的颠簸容易造成混凝土的分层甚至离析。

（2）混凝土罐车。单次运输量远高于前者，而且自带搅拌功能，可有效保证混凝土的匀质性，对于改善预制混凝土构件的质量和提高生产效率均有所帮助。

（3）鱼雷罐运输系统。车载运输混凝土的最大缺点是混凝土生产地点与浇筑地点的短途驳载导致生产效率的降低和拌合物质量损失，无法满足自动化生产线的需求。鱼雷罐运输系统可以实现搅拌站和生产线的无缝结合，输送效率大大提高，输料罐自带称量系统，可以精确控制浇筑量并随时了解罐体内剩余的混凝土量，从而有效提高构件的浇筑质量（图3.2.7）。

图3.2.7　鱼雷罐运输系统

混凝土自搅拌机中卸出后，应根据预制混凝土构件的特点、混凝土用量、运输距离和气候条件，以及现有设备情况等进行考虑，应满足以下要求：

（1）要及时将拌好的料用运输车辆运到浇捣地点，并确保浇捣混凝土的供应要求。

（2）混凝土的运输工具要求不吸水、不漏浆、内壁平整光洁，且在运输中的全部时间不应超过混凝土的初凝时间。

（3）运输混凝土时，应保持车速均匀，从而保证混凝土的均一性，防止各种材料分离。

（4）运输过程中，要根据各种配合比、搅拌温度和外界温度等，将这些因素控制在不影响混凝土质量的范围之内。在风雨或暴热天气运送混凝土时，容器上应加遮盖，以防进水或水分蒸发。冬季施工应加以保温。夏季最高气温超过40℃时，应有隔热措施。

3. 混凝土浇筑

预制混凝土构件的混凝土浇筑方式一般包括手工浇筑、人工料斗浇筑和流水线自动布料机浇筑。混凝土拌合料未入模板前是松散体，粗骨料质量较大，在布料时容易向前抛离，引起离析，将导致混凝土外表面出现蜂窝、露筋等缺陷；内部出现内、外分层现象，造成混凝土强度降低，产生质量隐患。

混凝土浇筑时应符合下列规定：

（1）混凝土应均匀连续浇筑，投料高度不宜大于500mm；

（2）混凝土浇筑时应保证模具、门窗框、预埋件、拉结件不发生变形或者移位，如有偏差应采取措施及时纠正；

（3）混凝土从拌合到浇筑完成间歇不宜超过40min；

（4）混凝土应振捣密实。

4. 混凝土振捣

混凝土拌合物布料之后，通常不能全部流平，内部有空气，不密实。混凝土的强度、抗冻性、抗渗性、耐久性等都与密实度有关。振捣是在混凝土初凝阶段，使用各种方法和工具进行振捣，并在其初凝前捣实完毕，使之内部密实，外部按模板形状充满模板，达到饱满密实的要求。

机械振动主要包括内部振动器（插入式振捣棒）、外部振动器（附着式振动器）、表面振动器（平面振动器）和平台振动器（振动台）四种振动器。

预制墙板和楼梯常采用插入式振捣棒进行振捣。操作人员严格按照先弱后强的顺序进行振捣并随时观察预制混凝土构件内混凝土的情况，当混凝土表面不再冒出气泡并呈现出平坦、泛浆时停止振动，切不可长时间振动以避免混凝土离析。

混凝土振捣过程中应随时检查模具有无漏浆、变形或预埋件有无位移等现象，混凝土振捣完成后，把高出的混凝土铲平，并将料斗、模具外表面、外露钢筋、模台及地面清理干净。

混凝土振捣时应符合下列规定：

（1）混凝土宜采用机械振捣方式成型。振捣设备应根据混凝土的品种、工作性、预制混凝土构件的规格和形状等因素确定，应制定振捣成型操作规程。

（2）当采用振捣棒时，混凝土振捣过程中不应碰触钢筋骨架、面砖和预埋件。

（3）混凝土振捣过程中应随时检查模具有无漏浆、变形或预埋件有无移位等现象。

5. 浇筑表面处理

根据预制混凝土构件的类型及特点的不同，常用的预制混凝土构件的表面处理方式有压光面、粗糙面、键槽和抹角四种。

（1）压光面。混凝土浇筑振捣完成后在混凝土终凝前，应当先采用木质抹子对混凝土表面砂光、砂平，然后用铁抹子压光直至压光表面。

（2）粗糙面。需要粗糙面的可采用拉毛工具拉毛，或者使用化学处理方法（如使用露骨料剂喷涂）等方式来完成粗糙面。

（3）键槽。需要在浇筑面预留键槽的，应在混凝土浇筑后用内模或工具压制成型。

（4）抹角。浇筑面边角做成45°抹角，如叠合板上部边角，或用内模成型，或由人工抹成。

预制剪力墙混凝土构件表面采用压光处理。如图3.2.8所示。

图3.2.8　剪力墙表面压光处理

（七）养护

养护是保证混凝土质量的重要环节，对混凝土的强度、抗冻性、耐久性都有很大的影响。混凝土构件可采用蒸汽养护、覆膜保湿养护、太阳能养护和自然养护等方法，预制混凝土构件工厂中常用的养护方法是蒸汽养护。

预制混凝土构件蒸汽养护应严格控制升降温速率及最高温度要求，养护过程中应满足下列规定：

1. 预养护时间宜为1～3h，并采用薄膜覆盖或加湿等措施防止构件干燥；

2. 制定养护制度对静停、升温、恒温和降温时间进行控制，宜在常温下静停2～6h，升温速率应为10～20℃/h，降温速率不宜大于10℃/h；避免因升温、降温速度太快造成预制混凝土构件混凝土的开裂；

3. 梁、柱等较厚预制混凝土构件养护最高温度为40℃，楼板、墙板等较薄预制混凝土构件养护最高温度为60℃，持续养护时间应不小于4h；

4. 预制混凝土构件脱模后，当混凝土表面温度和环境温差较大时，应立即覆膜养护；

5. 预制混凝土构件蒸汽养护后，养护罩内外温差小于20℃时，方可拆除养护罩进行自然养护。

应注意的是养护后必须保证回弹仪检测混凝土抗压强度应不小于混凝土设计强度的75%之后再脱模。

（八）脱模、起吊

1. 脱模

预制混凝土构件脱模应严格按照顺序拆除模具，不得使用振动方式进行拆模，保证预制混凝土构件在拆模过程中不被损坏。在拆模过程中不可暴力拆模，致使模具严重变形、翘曲。

预制混凝土构件与模具之间的连接部分完全拆除后方可进行脱模、起吊，构件起吊应平稳；楼板应采用专用多点吊具进行起吊，复杂构件应采用专门的吊具进行起吊。对于吊点的位置，必须由结构设计师经过设计计算确定，由其给出位置和结构构造设计。

预制混凝土构件脱模起吊时，混凝土强度应满足设计要求，当无设计要求时应符合为下列规定：

预制混凝土构件脱模时混凝土强度应不小于15MPa，脱模后需要移动的预制混凝土构件和预应力混凝土构件，混凝土抗压强度应不小于混凝土设计强度的75%。

外墙板、楼板等较薄预制混凝土构件起吊时，混凝土强度应不小于20MPa；梁、柱等较厚预制混凝土构件起吊时，混凝土强度应不小于30MPa。

2. 翻转

在墙板生产时，设置翻转台进行自动翻转作业，翻转后进入吊装阶段。

3. 水洗粗糙面

模具拆完后应进行粗糙面的处理，采用高压水枪将预制混凝土构件侧面进行冲刷，将表面浮浆冲刷干净并露出骨料。

4. 吊运

预制混凝土构件的吊运应符合下列规定：

根据预制混凝土构件的形状、尺寸、质量和作业半径等要求选择吊具和起重设备；所采用的吊具和起重设备及其操作，应符合现行国家有关标准及产品使用说明书的规定。

吊点的数量、位置应经计算确定，应保证吊具连接可靠，应采取保证起重设备的主钩位置、吊具及构件重心在竖直方向上重合的措施，防止松钩造成构件损坏及安全事故。

吊索水平夹角不宜大于60°，不应小于45°。

操作方式应慢起、稳升、缓放，吊运过程应保持稳定，不得偏斜、摇摆和扭转，严禁吊装构件长时间悬停在空中。

吊装大型构件、薄壁构件或形状复杂的构件时，应使用分配梁或分配桁架类吊具，并应采取避免构件变形和损伤的临时加固措施。

微课——预制外墙板制作与检验

3.3 预制外墙板生产工艺流程（一）

3.4 预制外墙板生产工艺流程（二）

练习题

选择题

1. 预制构件生产宜建立（　　）检验制度。

A. 抽检　　B. 全检

C. 首件　　D. 首批

2. 夹心外墙板宜采用平模工艺生产，下列说法正确的是（　　）。

A. 生产时应先浇筑外叶墙板混凝土层，再安装保温材料和拉结件，最后浇筑内叶墙板混凝土层。

B. 生产时应先浇筑内叶墙板混凝土层，再安装保温材料和拉结件，最后浇筑外叶墙板混凝土层。

C. 生产时应先浇筑外叶墙板混凝土层，再浇筑内叶墙板混凝土层，最后安装保温材料和拉结件。

D. 生产时应先浇筑内叶墙板混凝土层，再浇筑外叶墙板混凝土层，最后安装保温材料和拉结件。

3. 预制构件的混凝土强度等级不宜低于（　　）；预应力混凝土预制构件的混凝土强度等级不宜低于C40，且不应低于C30；现浇混凝土的强度等级不应低于C25。

A. C20　　B. C25

C. C30　　D. C40

4. 预制混凝土模具的底模宜采用整体材料制造，如需拼接，底模宽度小于 2m 时，焊缝不得多于（　　）条。

A. 1　　B. 2　　C. 3　　D. 4

5. 预制构件生产所需钢筋等原材料，（　　）。

A. 确定其合格后，方可使用　　B. 不需要确定合格，直接使用

C. 不经试验检测，可直接使用　　D. 是否合格，与我无关

6. 预制构件模具组装前，模具组装人员应对（　　）等进行检查，确定其是否齐全。

A. 组装场地　　B. 模具配件　　C. 钢筋　　D. 起吊设备

7.《装配式混凝土建筑技术标准》GB/T 51231—2016 规定，预制楼板中预埋线盒在水平方向的中心位置允许偏差为（　　）mm。

A. 5　　B. 10　　C. 15　　D. 20

8.《装配式混凝土建筑技术标准》GB/T 51231—2016 规定，预制墙板构件中预埋钢板与混凝土面层平面高差的允许偏差为（　　）mm。

A. 0，3　　B. ±3　　C. 0，－3　　D. 0，－5

9. 预制混凝土夹心保温外墙板构件不包含（　　）。

A. 外叶墙　　B. 保温层　　C. 内叶墙　　D. 内墙装饰

10. 下列不属于预制构件粗糙面常用处理工艺的是（　　）。

A. 水洗法　　B. 拉毛　　C. 凿毛　　D. 喷砂

11.《混凝土结构工程施工质量验收规范》GB 50204—2015 规定，预制构件模板安装中，墙板模板的翘曲允许误差为（　　）mm。

A. 3　　B. L/1000　　C. 15　　D. L/1500

12. 预制构件脱模起吊时的混凝土强度应计算确定，且不宜小于（　　）MPa。

A. 20　　B. 5　　C. 15　　D. 10

13.《混凝土结构工程施工质量验收规范》GB 50204—2015 规定，预制构件预留插筋外露长度允许偏差为（　　）mm。

A. 15　　B. －5　　C. ＋10，－5　　D. ±3

14. 预制构件中箍筋末端弯钩平直段长度，当设计有要求时，应符合设计要求，当无要求时，对于有抗震设防要求的结构构件其平直段不应小于箍筋直径的（　　）倍。

A. 5　　B. 10　　C. 15　　D. 20

15. 带面砖或者石材饰面的预制构件宜采用（　　）工艺制作。

A. 正打生产　　B. 立模生产

C. 反打一次成型　　D. 以上三个选项都行

16. 预制构件混凝土浇筑完毕或压面工序完成后应及时（　　）脱模前不得揭开。

A. 拆除模具　　B. 干燥通风　　C. 覆盖保湿　　D. 洒水养护

17.《装配式混凝土建筑技术标准》GB/T 51231—2016 规定，下列属于构件外观质量严重缺陷的是（　　）。

A. 少量非受力钢筋露筋

B. 非受力部位有少量蜂窝

C. 构件受力部位有影响结构性能或使用功能的裂缝

D. 非受力部位少量夹渣

18. 预制板、梁和桁架等简支构件，进行结构性能检验时，应一端采用（　　），另一端采用（　　）支承。

A. 固端支承　滚动 B. 滚动支承　活动 C. 铰支承　滚动　D. 铰支承　固端

19. 预制夹芯外墙板构件在生产前，要使用的内外叶连接件，应先进行连接件试件制作，并进行（　　）等力学性能检验，合格后方可用于构件生产。

A. 抗劈裂　B. 耐磨　C. 耐久性　D. 拉拔强度

20. 外墙板一般采用三明治结构，即结构层＋保温层＋（　　）。

A. 加厚层　B. 隔离层　C. 防潮层　D. 保护层

21. 叠合楼板模具当角钢组成的边模上有许多豁口时，为了避免影响长向的刚度，应沿长向进行分段，其每段最佳长度为（　　）m。

A. 1～2　B. 1.5～2　C. 1.5～2.5　D. 1～2.5

模块四 Modular 04

构件吊装、运输与存放

一、知识目标

熟悉预制构件吊装设备种类和性能，吊装索具种类及性能要求。熟悉预制构件运输设备主要是起重设备种类和性能，吊装索具种类及性能要求。

二、能力目标

学会根据构件的质量、尺寸等特点选择合适的吊装设备和吊具，开展构件吊装工作。会根据构件的特性，选择合适的运输设备和运输方式。

三、素养目标

能沟通协调团队成员，针对预制构件特性，科学选择相应吊装设备、吊具吊索和运输设备，在保证安全的前提下，相互指挥、配合、协调完成构件垂直运输和水平运输作业。

四、1+X技能等级证书考点

熟悉运输和吊装设备，正确选择构件运输依据和运输方法。

4.1 模块四
构件运输与存放

预制构件吊装设备主要是起重设备和吊装索具。常用的起重设备有塔式起重机、履带式起重机、汽车式起重机等。本模块介绍目前几种常用的吊装索具和吊装设备，以及相关构件运输设备。

任务一　认识吊装索具设备

（一）千斤顶

千斤顶可以用来校正构件的安装偏差和校正构件的变形，也可以顶升和提升构件。常用千斤顶有螺旋式千斤顶和液压式千斤顶两种。

（二）吊钩

吊钩按制造方法可分为锻造吊钩和片式吊钩。在建筑工程施工中，通常采用锻造吊钩，采用优质低碳素钢或低碳合金钢锻造而成，锻造吊钩又可分为单钩和双钩，如图 4.1.1、图 4.1.2 所示。单钩一般用于小起重量，双钩多用于较大的起重量。单钩吊钩形式多样，建筑工程中常选用有保险装置的旋转钩，如图 4.1.3 所示。

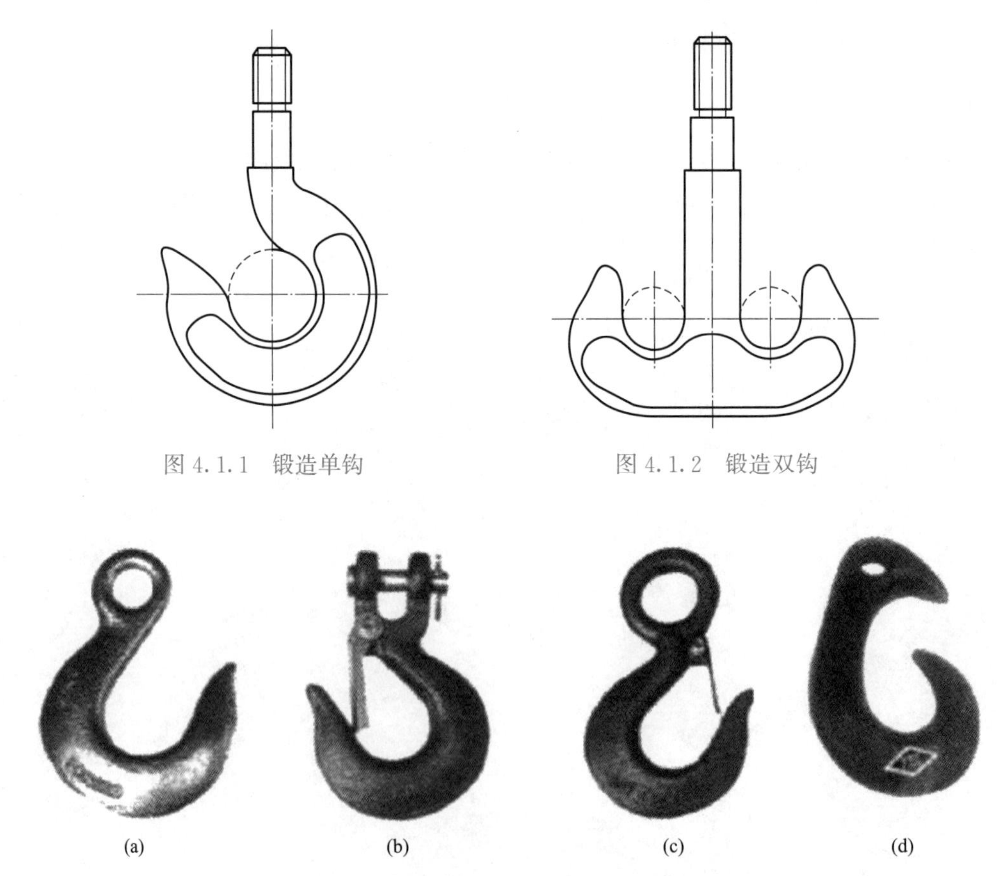

图 4.1.1　锻造单钩

图 4.1.2　锻造双钩

(a)　(b)　(c)　(d)

图 4.1.3　带保险装置单钩吊钩形式（一）

（a）眼形滑钩；（b）羊角滑钩；（c）美式货钩；（d）鼻形钩

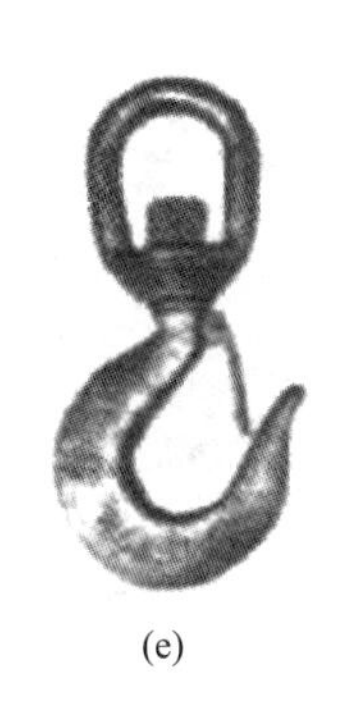
(e)

(f)

(g)

(h)

图 4.1.3　带保险装置单钩吊钩形式（二）
(e) 旋转钩；(f) 牵引钩；(g) 直杆钩；(h) 直柄吊钩

（三）横吊梁

横吊梁俗称铁扁担、扁担梁，常用于梁、柱、墙板、叠合板等构件的吊装。用横吊梁吊运构件时，可以防止因起吊受力，对构件造成的破坏，便于构件更好的安装、校正。常用的横吊梁有单根横吊梁、框架横吊梁，如图 4.1.4、图 4.1.5 所示。

图 4.1.4　单根横吊梁

图 4.1.5　框架横吊梁

（四）捯链

捯链用来起吊轻型构件，拉紧缆风绳及拉紧捆绑构件的绳索等，如图 4.1.6 所示。目前，受国内部分起重设备行程精度的限制，可采用捯链进行构件的精确就位。

（五）钢丝绳

钢丝绳是由多层钢丝捻成股，再以绳芯为中心，由一定数量股捻绕成螺旋状的绳（图 4.1.7）。钢丝绳是吊装中的主要绳索，具有强度高、弹性大、韧性好、耐磨、能承受冲击荷载、工作可靠等特点。结构吊装中常用的钢丝绳是由 6 束绳股和一根绳芯捻成，每束绳股由许多高强钢丝捻成。钢丝绳按绳股数及每股中的钢丝数区分，有 6 股 7 丝，7 股 7 丝，6 股 19 丝，6 股 37 丝及 6 股 61 丝等。吊装中常用的有 6×19（6 股 19 丝）、6×37（6 股 37 丝）两种。6×19（6 股 19 丝）钢丝绳可作缆风和吊索；6×37（6 股 37 丝）钢丝绳用于穿滑车组和作吊索，6×61（6 股 61 丝）钢丝绳用于重型起重机。

图 4.1.6　捯链

图 4.1.7　钢丝绳截面图

钢丝绳强度高、自重轻、柔韧性好、耐冲击，安全可靠。在正常情况下使用的钢丝绳不会发生突然破断，但可能会因为承受的载荷超过其极限破断力而破坏。在建筑施工过程中，钢丝绳的破坏表现形态各异，多种原因交错。钢丝绳一旦破坏可能会导致严重的后果，因此必须坚持每个作业班次对钢丝绳的检查并形成制度。检查不留死角，对于不易看到和隐蔽的部位应给予足够重视，必要时应做探伤检查。在检查和使用中应做到：

（1）使用检验合格的产品，保证其机械性能和规格符合设计要求；

（2）保证足够的安全系数，必要时使用前要做受力计算，不得使用报废钢丝绳；

（3）使用中避免两钢丝绳的交叉、叠压受力，防止打结、扭曲、过度弯曲和划磨；

（4）应注意减少钢丝绳弯折次数，尽量避免反向弯折；

（5）不在不洁净的地方拖拉，防止外界因素对钢丝绳的损伤、腐蚀，使钢丝绳性能降低；

（6）保持钢丝绳表面的清洁和良好的润滑状态，加强对钢丝绳的保养和维护。

（六）钢丝吊索

吊索是由钢丝绳制成的，因此钢丝绳的允许拉力即为吊索的允许拉力，在使用时，其拉力不应超过其允许拉力。吊索有环状吊索和开式吊索两种，常见应用见图 4.1.8。

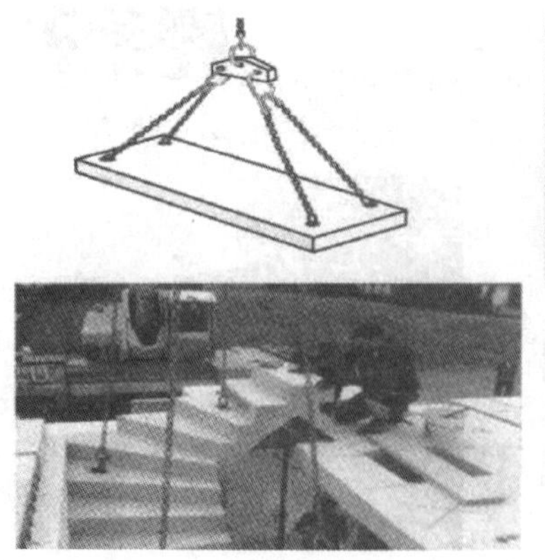

图 4.1.8　吊索常见应用

（七）吊装带

目前使用的常规吊装带（合成纤维吊装带），一般采用高强度聚酯长丝制作。根据外观分为：环形穿芯、环形扁平、双眼穿芯、双眼扁平四类，吊装能力分别在 1～300t 之间。

一般采用国际色标来区分吊装带的吨位，分紫色（1t）到橘红色（10t）等几个吨位。对于吨位大于 12t 的均采用橘红色进行标识，同时带体上均有荷载标识标牌。

（八）卡环

卡环用于吊索之间或吊索与构件吊环之间的连接。由弯环与销子两部分组成，如图 4.1.9 所示。

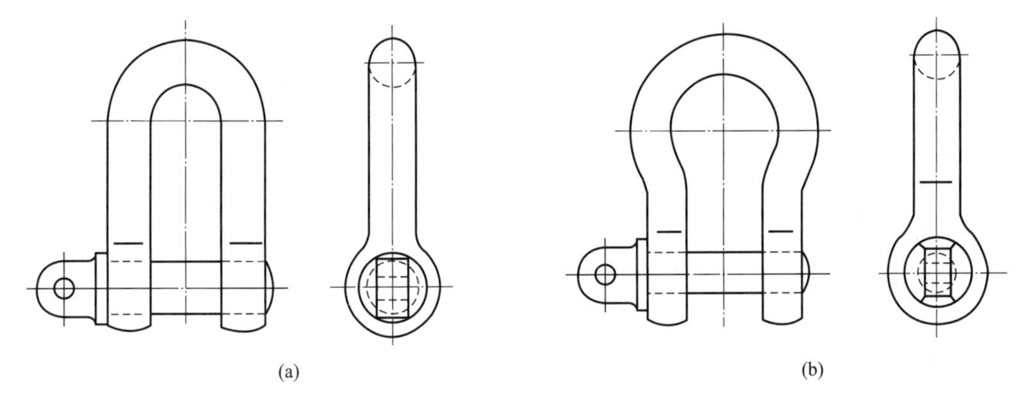

图 4.1.9　卡环

（a）D形卡环；（b）弓形卡环

按弯环形式分，有 D 形卡环和弓形卡环；按销子与弯环的连接形式分，有螺栓式卡环和活络卡环。螺栓式卡环的销子和弯环采用螺纹连接；活络式卡环的孔眼无螺纹，可直接抽出。螺栓式卡环使用较多，但在柱子吊装中多采用活络式卡环。

任务二　认识起重设备

（一）塔式起重机

1. 塔式起重机的类型

塔式起重机是把吊臂、平衡臂等结构和起升、变幅等机构安装在金属塔身上的一种起重机，其特点是提升高度高、工作半径大、工作速度快、吊装效率高等（图 4.2.1）。

图 4.2.1　塔式起重机

塔式起重机按行走机构、变幅方式、回转机构位置及爬升方式的不同可分成轨道式、附着式和内爬式塔式起重机。

2. 塔式起重机的使用要点

（1）塔式起重机作业前应进行下列检查和试运转：

1）各安全装置、传动装置、指示仪表、供电电缆等必须符合有关规定。主要部位连接螺栓、钢丝绳磨损情况。

2）按有关规定进行试验和试运转。

（2）当同一施工地点有两台以上起重机时，应保持两机间任何接近部位（包括吊重物）距离不得小于 2m。

（3）在吊钩提升、起重小车或行走大车运行到限位装置前，均应减速缓行到停止位置，并应与限位装置保持一定距离（吊钩不得小于 1m，行走轮不得小于 2m）。严禁采用限位装置作为停止运行的控制开关。

（4）动臂式起重机的起升、回转、行走可同时进行，变幅应单独进行。每次变幅后应对变幅部位进行检查。允许带载变幅的，当载荷达到额定起重量的 90%及以上时，严禁变幅。

（5）提升重物，严禁自由下降。重物就位时，可采用慢就位机构或利用制动器使之缓慢下降。

（6）提升重物水平移动时，应高出其跨越的障碍物 0.5m 以上。

（7）装有上下两套操纵系统的起重机，不得上下同时使用。

（8）作业中如遇大雨、雾、雪及六级以上大风等恶劣天气，应立即停止作业，将回转机构的制动器完全松开，起重臂应能随风转动。对轻型俯仰变幅起重机，应将起重臂落下并与塔身结构锁紧在一起。

（9）作业中，操作人员临时离开操纵室时，必须切断电源。

（10）作业完毕后，起重臂应转到顺风方向，并松开回转制动器，小车及平衡重应置于非工作状态，吊钩宜升到离起重臂顶端 2～3m 处。

（11）停机时，应将每个控制器拨回零位，依次断开各开关，关闭操纵室门窗，下机后，使起重机与轨道固定，断开电源总开关，打开高空指示灯。

（12）动臂式和尚未附着的自升式塔式起重机，塔身上不得悬挂标语牌。

（二）履带式起重机

履带式起重机是在行走的履带底盘上装有起重装置的起重机械。主要由动力装置、传动装置、行走机构、工作机械、起重滑车组、变幅滑车组及平衡重等组成。它具有起重能力较大、自行式、全回转、工作稳定性好、操作灵活、使用方便、在其工作范围内可载荷行驶作业以及对施工场地要求不严等特点。

履带式起重机按传动方式不同可分为机械式、液压式和电动式履带式三种。

履带式起重机的使用应注意以下问题：

（1）驾驶员应熟悉履带式起重机技术性能，启动前应按规定进行各项检查和保养。启动后应检查各仪表指示值及运转是否正常；

（2）履带式起重机必须在平坦坚实的地面上作业，当起吊荷载达到额定重量的90%及以上时，工作动作应慢速进行，并禁止同时进行两种及以上动作；

（3）应按规定的起重性能作业，严禁超载作业，如确需超载时应进行验算并采取可靠措施；

（4）作业时，起重臂的最大仰角不应超过规定值，无资料可查时，不得超过78°，最低不得小于45°；

（5）采用双机抬吊作业时，两台起重机的性能应相近；抬吊时统一指挥，动作协调，互相配合，起重机的吊钩滑轮组均应保持垂直。抬吊时单机的起重载荷不得超过允许载荷值的80%；

（6）起重机带载行走时，载荷不得超过允许起重量的70%；

（7）带载行走时道路应坚实平整，起重臂与履带平行，重物离地不能大于500mm，并拴好拉绳，缓慢行驶，严禁长距离带载行驶，上下坡道时，应无载行驶。上坡时，应将起重臂扬角适当放小；下坡时应将起重臂的仰角适当放大，严禁下坡空挡滑行；

（8）作业后，吊钩应提升至接近顶端处，起重臂降至40°～60°之间，关闭电门，各操纵杆置于空挡位置，各制动器加保险固定，操纵室和机棚应关闭门窗并加锁；

（9）遇大风、大雪、大雨时应停止作业，并将起重臂转至顺风方向。

履带式起重机的转移有三种形式：自行、平板拖车运输和铁路运输。对于普通路面且运距较近时，可采用自行转移，在行驶前，应对行走机构进行检查，并做好润滑、紧固、调整和保养工作。每行驶500～1000m时，应对行走机构进行检查和润滑。对沿途空中架线情况进行察看，以保证符合安全距离要求；当采用平板拖车运输时，要了解所运输的履带式起重机的自重、外形尺寸、运输路线和桥梁的安全承载能力、桥洞高度等情况，选用相应载重量平板拖车。起重机在平板拖车上停放牢固、位置合理。应将起重臂和配重拆下，刹住回转制动器，插销销牢，为了降低高度，可将起重机上部人字架放下；当采用铁路运输时，应将支垫起重臂的高凳或道木垛搭在起重机停放的同一个平板上，固定起重臂的绳索也绑在该平板上，如起重臂长度超过该平板时，应另挂一个辅助平板，但可不设支垫也不用绳索固定，同时吊钩钢丝绳应抽掉。

（三）汽车式起重机

汽车式起重机是将起重机构安装在普通载重汽车或专用汽车底盘上的起重机。汽车式起重机机动性能好，运行速度快，对路面破坏性小，但不能带负荷行驶，吊重物时必须支腿，对工作场地的要求较高。汽车式起重机按起重量大小分为轻型、中型和重型三种。起重量在 20t 以内的为轻型，50t 及以上的为重型；按起重臂形式分为桁架臂和箱形臂两种；按传动装置形式分为机械传动、电力传动、液压传动。目前，液压传动的汽车式起重机应用较广。

汽车式起重机的使用要点：

（1）应遵守操作规程及交通规则；

（2）作业场地应坚实平整；

（3）作业前，应伸出全部支腿，并在撑脚下垫合适的方木；调整机体，使回转支撑面的倾斜度在无荷载时不大于 1/1000（水准泡居中）；支腿有定位销的应插上；底盘为弹性悬挂的起重机，伸出支腿前应收紧稳定器；

（4）作业中严禁扳动支腿操纵阀；调整支腿应在无载荷时进行；

（5）起重臂伸缩时，应按规定程序进行，当限制器发出警报时，应停止伸臂，起重臂伸出后，当前节臂杆的长度大于后节伸出长度时，应调整正常后，方可作业；

（6）作业时，汽车驾驶室内不得有人，发现起重机倾斜、不稳等异常情况时，应立即采取措施；

（7）起吊重物达到额定起重量的 90%以上时，严禁同时进行两种及以上的动作；

（8）作业后，收回全部起重臂，收回支腿，挂牢吊钩，撑牢车架尾部两撑杆并锁定，销牢锁式制动器，以防旋转；

（9）行驶时，底盘走台上严禁载人或物。

任务三 吊装作业安全防范

（一）吊装工程的主要施工特点

（1）受预制构件的类型和质量影响大；
（2）正确选用起重机具是完成吊装任务的主要因素；
（3）构件的应力状态变化多；
（4）高空作业多，容易发生事故，必须加强安全教育，并采取可靠措施。

（二）吊装特殊作业人员职责

1. 挂钩工岗位安全要求

（1）必须服从指挥员指挥；
（2）熟练运用手势、旗语、哨声；
（3）熟悉起重机的技术性能和工作原理；
（4）熟悉构件材料设备的装卸、运输、堆放有关知识；
（5）能正确使用吊具、索具和各种构件材料设备的拴挂方法；
（6）熟悉常用材料重量、构件设备重心位置的估算及就位方法。

2. 信号指挥工岗位安全要求

（1）具备指挥单机、双机或多机作业的指挥能力；
（2）正确使用吊具、索具，检查各种规格钢丝绳；
（3）有防止构件设备装卸、运输、堆放过程中变形的知识；
（4）掌握起重机最大起重量和各种高度、幅度时的起重量，熟知吊装起重有关知识；

（5）掌握常用材料的重量和吊运就位方法及异形构件、材料、设备的计算方法、重心位置的估算；

（6）能看懂一般机械图纸，能按图纸设计要求和工艺要求指挥起吊就位；

（7）应掌握所指挥的起重机的机械性能和其中工作性能，能熟练地运用手势、旗语、哨声和通信设备；

（8）严格执行“十不吊”制度，即超过额定负荷不吊；指挥信号不明、重量不明不吊；多人指挥，指挥人员精神不集中不吊；捆绑不牢挂钩，不符合安全要求不吊；斜拉歪吊重物不稳不吊；吊物上有人、有动物不吊；压力容器气瓶乙炔瓶或爆炸物品不吊；带有棱角刃口未衬垫不吊；埋在地下的物体不吊；无人指挥、抱闸失灵、光线暗淡看不清信号不吊。

3. 起重司机岗位要求

（1）懂得吊装构件、材料、设备重量计算；
（2）遵守起重安全技术规程、制度；
（3）掌握钢丝绳接头的穿结（卡接、插接）；
（4）了解所操纵的起重机的构造和技术性能；
（5）懂得在制动器突然失效的情况下如何紧急处理；
（6）懂得一般仪表的使用及电气设备常见故障的排除；

（7）明白起重量、变幅、起重速度与机械稳定性的关系；

（8）懂得钢丝绳的类型、鉴别、保养与安全系数的选择；

（9）操作中能及时发现和判断各种机构故障，并采取有效措施。

（三）吊装作业要求

1. 起吊作业的人员及场地要求

（1）施工现场必须选派具有丰富吊装经验的信号指挥人员、挂钩人员，作业人员在施工前必须检查身体，对患有不宜高空作业疾病的人员不得安排高空作业。特种作业人员必须经过专门的安全培训，经考核合格，持特种作业操作资格证书上岗。特种作业人员应按规定进行体检和复审。

（2）起重吊装作业前，应根据施工组织设计要求划定危险作业区域，在主要施工部位、作业点、危险区都必须设置醒目的警示标志，设专人加强安全警戒，防止无关人员进入。还应根据现场作业环境专门设置监护人员，防止高处作业或交叉作业时造成的落物伤人事故。

2. 起重设备

（1）根据《危险性较大的分部分项工程安全管理办法》规定，下列起重工程属于超过一定规模的危险性较大的分部分项工程：

1）采用非常规起重设备、方法，且单件起吊重量在100kN及以上的起重吊装工程；

2）起重量300kN及以上的起重设备安装工程；高度200m及以上内爬起重设备的拆除工程；

3）安装拆除环境复杂，与设备使用说明书安装拆卸工况不符的起重机械安装与拆卸工程。

（2）起重机械按施工方案要求选型，运到现场重新组装后，应进行试运转试验和验收，确认符合要求并记录、签字。起重机经检验后可以持续使用并要持有市级有关部门定期核发的准用证。

（3）须经检查确认的安全装置包括超高限位器、力矩限制器、臂杆幅度指示器及吊钩保险装置，且均应符合要求。当该机械使用说明书中尚有其他安全装置时，应按说明书规定进行检查。

（4）汽车式起重机进行吊装作业时，行走用的驾驶室内不得有人，吊物不得超越驾驶室上方，并严禁带载行驶。

（5）双机抬吊时，要根据起重机的起重能力进行合理的负载分配，操作时要统一指挥，互相密切配合。在整个起吊过程中，两台起重机的吊滑车均应基本保持垂直状态。

3. 钢丝绳

（1）钢丝绳断丝数在一个节距中超过10%、钢丝绳锈蚀或表面磨损达40%以及有死弯、结构变形、绳芯挤出等情况时，应报废停止使用。

（2）缆风绳应使用钢丝绳，其安全系数K为3.5，规格应符合施工方案要求，缆风绳应与地锚牢固连接。

4. 吊点

（1）根据预制构件外形、重心及工艺要求选择吊点，并在方案中进行规定。

（2）吊点是在构件起吊、翻转、移位等作业中都必须使用的，吊点选择应与构件的重心在同一垂直线上，且吊点应在重心之上（吊点与构件重心的连线和构件的横截面成垂直），使构件垂直起吊，严禁斜吊。

（3）当采用几个吊点起吊时，应使各吊点的合力在构件重心位置之上。必须正确计算每根吊索长度，使预制构件在吊装过程中始终保持稳定位置。当构件无吊鼻，需用钢丝绳绑扎时，必须对棱角处采取保护措施，其安全系数为 K 为 6～8；当起吊重、大或精密的构件时，除应采取妥善保护措施外，吊索的安全系数 K 应取 10。

5. 吊装作业安全操作要点

（1）穿绳安全要求：确定吊物重心，选好挂绳位置。穿绳宜用铁钩，不得将手臂伸到构件下面。

（2）挂绳安全要求：应按顺序挂绳，吊绳不得相互挤压、交叉、扭压、绞拧。吊索的水平夹角大于 45°，吊挂绳间夹角小于 120°，避免张力过大，吊链之间应受力均匀，避免偏心不均匀受力。

（3）试吊安全要求：构件吊装应进行试吊，试吊时，构件离地面约 50cm 左右稍停，由操作人员全面检查吊具索具、卡具等，确保各方面安全可靠后方能起吊。试吊中，信号指挥工、挂钩工、时机必须协调配合，如发现吊物重心偏移或与其他物件粘连等情况，必须立即停止起吊，采取措施并确认安全方可起吊。

（4）吊装过程中，作业人员应留有一定的安全空间，与预制构件保持一定的安全距离，严禁站立在预制构件及吊钩下方，严禁作业人员站立在并排放置的构件中间，如图 4.3.1 所示，保证即使构件吊装侧翻仍然与现场人员保持一定安全距离。

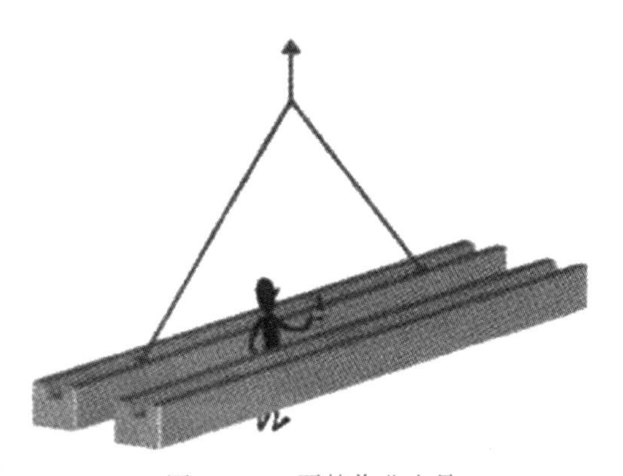

图 4.3.1　严禁作业人员站立在并排构件中间

（5）摘绳安全要求：落绳停稳支牢后方可放松吊绳，对易滚、易滑、易散的吊物，摘绳要用安全钩，挂钩工不得站在吊物上面，如遇不宜摘绳时，应选用其他机具辅助，严禁攀登吊物及绳索。

（6）抽绳安全要求：吊钩应与构件保持垂直，缓慢起绳，不得斜拉、强拉，不得旋转吊臂抽绳，如遇吊绳被压，应立即停止抽绳，可采取提头试吊方法抽绳；吊运易滚、易损、易倒的吊物不得使用起重机抽绳。

6. 吊装作业其他安全要求

（1）锁绳吊挂应便于摘绳操作，扁担吊挂时，吊点应对称于吊物重心；卡具吊挂应避免卡具在吊装过程中被碰撞；作业时，应缓起、缓转、缓移，并用控制绳保持吊物平衡。

（2）吊装大型物件时用千斤顶、捯链调整就位时，严禁两端千斤顶捯链同时起落，一端使用两个及两个以上千斤顶捯链调整就位时，起落速度应一致。

（3）大雨、雾、大雪、六级及以上大风等恶劣天气应停止吊装作业。雨雪后进行吊装作业时，应及时清理冰雪并采取防滑和防漏电措施，先试吊，确认制动器灵敏可靠后方可进行作业。

（4）触电事故的安全控制要点

1）吊装作业起重机的任何部位与架空输电线路边线之间的最小安全距离应符合表 4.3.1 的规定。

起重机与架空输电线路边线的最小安全距离　　表 4.3.1

输电线路电压	1kV 以下	1～15kV	20～40kV	60～110kV	220kV
垂直距离	1.5m	3m	4m	5m	6m
水平距离	1.0m	1.5m	2m	4m	6m

2）吊装作业使用的电源线必须架高，手把线绝缘要良好。在雨天或潮湿地点作业的人员，应戴绝缘手套，穿绝缘鞋。

3）吊装作业使用行灯照明时，电压不得超过 36V。

任务四　构件安全运输与存放

（一）运输车辆和道路准备

运输车辆采用挂车，外形如图 4.4.1 所示，挂车主要技术参数见表 4.4.1。

图 4.4.1　挂车

挂车主要技术参数　　表 4.4.1

型号	—	
质量参数	装载质量(kg)	31000
	整备质量(kg)	9000
	最大总质量(kg)	40000
尺寸参数	总长(mm)	12980
	总宽(mm)	2490
	总高(mm)	3200
	前回转半径(mm)	1350
	后间隙半径(mm)	2300
	牵引销固定板离地高度(mm)	1240
	轴距(mm)	8440+1310+1310
	轮距(mm)	2100
	承载面离地高度(mm)	860(满载)
	最小转弯半径(mm)	12400
	可装运预制板高度(mm)(整车高 4000mm)	3140

运输道路宽度不小于 6m，转弯半径不小于 9m，道路承受运输车种不小于 45t，构件进场前确定构件运输车辆型号及构件摆放形式，确定构件合理进场时间。

（二）构件装载

预制构件运输应事先进行装车方案设计，具体做到：避免超高超宽；做好配载平衡；采取防止构件移动或倾倒的固定措施，构件与车体或架子用封车带绑在一起；工厂行车、起重机械操作人员必须经培训合格，持证上岗；运输发货前，物流发货员、安全员对运输车辆、人员及捆绑情况进行安全检查，检查合格方能进行构件运输。

1. 车辆就位

构件装车顺序须按项目提供的吊装顺序进行配车，否则构件到施工现场后会给施工现场的物流带来阻碍；将车辆停于平整硬化地面上，检查车辆使车辆处于驻车制动状态。

2. 吊装

用钥匙将液压单元开关打开，半挂车卸预制板前，操作液压压紧装置控制按钮盒中对应控制按键，将压紧装置全部松开收起，打开固定支架后门。采用随车吊等吊装工具，将吊装工具与预制件连接牢靠，将预制件直立吊起，起升高度要严格控制，预制件底端距车架承载面或地面小于100mm，吊装行走时立面在前，操作人员站于预制件后端，两侧面与前面禁止站人。为防止预制件磕碰损伤，轻轻地将预制件置于地面专用固定装置内，并固定牢靠，进行下一次操作，完毕后将后门关闭，将液压单元开关关闭，并将钥匙取下。

（三）运输

1. 场内运输与场外运输

预制混凝土构件厂内运输方式由工厂工艺设计确定。车间起重机范围内的短距离运输可用起重机直接运输。车间起重机与室外起重机械可以衔接时，可用起重机运输。

如果运输距离较长，或车间起重机与室外起重机械作业范围不衔接时，可采用预制混凝土构件转运车进行运输。

预制混凝土构件在转运过程中，应采取必要的固定措施，运行平稳，防止构件损伤。

预制混凝土构件出厂前，预制混凝土构件工厂发货负责人与运输负责人应根据发货目的地勘察、规划运输路线，测算运输距离，尤其是运输路线所经过的桥梁、涵洞、隧道等路况要确保运输车辆能够正常通行。因此在吊装运输开始之前，要做好充分准备工作，制定预制构件运输方案，其内容包括运输时间、次序、存放场地、运输线路、固定要求、存放垫木及成品保护措施等。对于超高、超宽、形状特殊的大型构件的运输应有专门的质量安全保证措施。

大型构件在实际运输之前应踏勘运输路线，运输路线须事先与货车驾驶员共同勘察。确认运输道路的承载力（含桥梁和地下设施）、宽度、转弯半径和穿越桥梁、隧道的净空与架空线路的净高满足运输要求，确认运输机械与电力架空线路的最小距离必须符合要求，路线选择应该尽量避开桥涵和闹市区，应该设计备选方案。对驾驶员进行运输要求交底：不得急刹车、急提速，转弯要缓慢。

确定了运输路线后，根据构件运输超高、超宽、超长情况，及时向交通管理部门申报，经批准后，方可在指定路线和指定时间段行驶。第一车应当派出车辆在运输车后面随行，观察构件稳定情况；预制构件的运输应根据施工安装顺序来制定，如有施工现场在车辆禁行区域应选择夜间运输，并要保证夜间行车安全。

2. 构件主要运输方式

预制混凝土构件在运输过程中应使用托架、靠放架、插放架等专业运输架，避免在运输过程中出现倾斜、滑移、磕碰等安全隐患，同时也防止预制混凝土构件损坏。

应根据不同种类预制混凝土构件的特点采用不同的运输方式，托架、靠放架、插放架应进行专门设计，进行强度、稳定性和刚度验算。

墙板类构件宜采用竖向立式运输（图 4.4.2），外墙板饰面层应朝外；预制梁、叠合板、预制楼梯、预制阳台板宜采用水平运输；预制柱可采用水平放置运输，当采用竖向立式放置运输时应采取防止倾覆措施。

图 4.4.2 墙板竖向立式放置运输方式

采用靠放架立式运输时，构件与地面倾斜角度宜大于 80°，构件应对称靠放，每侧不宜大于 2 层，构件层间宜采用木垫块隔离。

采用插放架直立运输时，构件之间应设置隔离垫块，构件之间以及构件与插放架之间应可靠固定，防止构件因滑移、失稳造成的安全事故。

水平运输时，预制梁、预制柱构件叠放不宜超过 2 层，板类构件叠放不宜超过 6 层（图 4.4.3）。

图 4.4.3 叠合板平层叠放式运输方式

3. 装车状况检查

预制混凝土构件在装卸过程中应保证车体平衡，运输过程中应使用专业运输架，固定牢固，并采取防止构件滑动、倾倒的安全措施和成品保护措施。

预制混凝土构件运输安全和成品保护应符合下列规定：

（1）应根据预制混凝土构件种类采取可靠的固定措施。

（2）对于超高、超宽、形状特殊的大型预制混凝土构件的运输应制定专门的质量安全保证措施。

运输时宜采取如下防护措施：

（1）设置柔性垫片避免预制混凝土构件边角部位或链索接触处的混凝土损伤；

（2）用适当材料包裹垫块避免预制混凝土构件外观污染；

（3）堵板门窗框、装饰表面和棱角采用塑料贴膜或其他措施防护；

（4）竖向薄壁构件、门洞设临时防护支架；

（5）装箱运输时，箱内四周采用木材或柔性垫片填实，支撑牢固；

（6）装饰一体化和保温一体化的构件有防止污染措施；

（7）不超载；

（8）构件应固定牢固，有可能移动的空间用柔性材料隔垫，保证车辆转弯、刹车、上坡、颠簸时构件不移动、不倾倒、不磕碰。

运输完毕交付运输的产品质量证明文件应包括以下内容：

（1）出厂合格证；

（2）混凝土强度检验报告；

（3）钢筋连接工艺检验报告；

（4）合同要求的其他质量证明文件。

根据大型构件特点选用预制构件专用运输车或对常规运输车进行改装，降低车辆装载重心高度并设置车辆运输稳定专用固定支架。

（四）卸载

建筑产业化施工过程中，在工厂预先制作的混凝土构件，根据运输与堆放方案，提前做好堆放场地、固定要求、堆放支垫及成品保护措施。对于大型构件的装卸应有专门的质量安全保证措施，所以有必要掌握构件卸落的操作安全要点。

1. 卸车准备

构件卸车前，应预先布置好临时码放场地，构件临时码放场地需要合理布置在吊装机械可覆盖范围内，避免二次吊装。管理人员分派装卸任务时，要向工人交代构件的名称、大小、形状、质量、使用吊具及安全注意事项，安全员应根据装卸作业特点对操作人员进行安全教育，装卸作业开始前，需要检查装卸地点和道路，清除障碍。

2. 卸车

装卸作业时，应按照规定的装卸顺序进行，确保车辆平衡，避免由于卸车顺序不合理导致车辆倾覆，应采取保证车体平衡的措施。装卸过程中，构件移动时，操作人员要站在构件的侧面或后面，以防物体倾倒，参与装卸的操作人员要佩戴必要安全劳保用品。装卸时，汽车未停稳，不得抢上抢下。开关汽车栏板时，应确保附近无其他人员，且必须两人同时进行。汽车未进入装卸地点时，不得打开汽车栏板，并在打开汽车栏板后，严禁汽车再移动。卸车时，要保证构件质量前后均衡，并采取有效防止构件损坏的措施，务必从上至下，依次卸货，不得在构件下部抽卸，以防车体或其他构件失衡。

卸载鹅颈上方预制件时，在确保箱内货物固定牢靠的情况下打开汽车栏板，打开汽车栏板时人员不得站立于汽车栏板正面，防止被滚落物体砸伤，卸载完成后将汽车栏板关闭并锁止可靠。

（五）预制混凝土构件的存储

1. 存储场地

预制混凝土构件的堆放场地应符合下列规定：

（1）堆放场地应平整、坚实，宜为混凝土硬化地面或经人工处理的自然地坪，满足平整度和地基承载力要求，并应有良好的排水措施；

（2）堆放场地应满足大型运输车辆的装车和运输要求；存放间距应满足运输车辆的通行要求；

（3）堆放场地应在起重机可以覆盖的范围内；

（4）预制混凝土构件堆放应按工程名称、构件类型、出厂日期等进行分区管理，并宜采用信息化方式进行管理。

2. 存储方式

预制混凝土构件脱模后，一般要经过质量检查、外观整理、场地存放、运输等多个环节，构件支撑点数量、位置、存放层数应满足设计要求。预制混凝土构件的存储方式应保证不受损伤。如果设计没有给出存储方式要求，工厂应制定存储方案。

具体要求如下：

（1）预制混凝土构件存放方式和安全质量保证措施应符合设计要求；

（2）预制混凝土构件入库前和存放过程中应做好安全和质量防护；

（3）应合理设置垫块支撑点位置，确保预制混凝土构件存放稳定，支点宜与起吊点位置一致；

（4）预制混凝土构件多层叠放时，每层构件间的垫块应上下对齐。

3. 预制混凝土构件支撑

预制混凝土构件堆放时必须按照构件设计图纸的要求设置支撑的位置与方式。预制混凝土构件支撑应符合下列规定：

（1）合理设置垫块支点位置，预制混凝土构件支垫应坚实，垫块在预制混凝土构件下的位置宜与脱模、吊装时的起吊位置一致，确保预制混凝土构件存放稳定；

（2）预制混凝土构件与刚性搁置点之间应设置柔性垫片，预埋吊件应朝上放置，标识应向外，宜朝向堆垛间的通道；

（3）重叠堆放构件时，每层构件间的垫块应上下对齐，堆垛层数应根据构件、垫块的承载力确定，并应根据需要采取防止堆垛倾覆的措施；

（4）与清水混凝土面接触的垫块应采取防污染措施；

（5）堆放预应力构件时，应根据预制混凝土构件起拱值的大小和堆放时间采取相应措施。

4. 构件堆放要求与注意事项

预制混凝土构件堆放时，要求按照产品名称、规格型号、检验状态分类存放，产品标识应明确、耐久，预埋吊件应朝上，标识应向外。

预制混凝土构件存储方法有平放和竖放两种方法。

平放时的注意事项如下：

（1）预制楼板、叠合板、阳台板和空调板等构件宜平放，宜采用专门的存放架支撑，叠放层数不宜超过 6 层；长期存放时，应采取措施控制预应力构件起拱值和叠合板翘曲变形；

（2）预制柱、叠合梁等细长构件宜平放且用两条垫木支撑；

（3）预制楼梯宜采用水平叠放，不宜超过 4 层。

竖放时的注意事项如下：

（1）预制内外墙板、挂板宜采用专用支架直立存放，支架应有足够的强度和刚度，构件上部宜采用两点支撑，下部应支垫稳固，薄弱构件、构件薄弱部位和门窗洞口应采取防止变形开裂的临时加固措施；

（2）带飘窗的墙体应设有支架；

（3）装饰化一体构件要采用专门的存放架存放。

5. 存储示例

（1）叠合梁堆放（图 4.4.4）

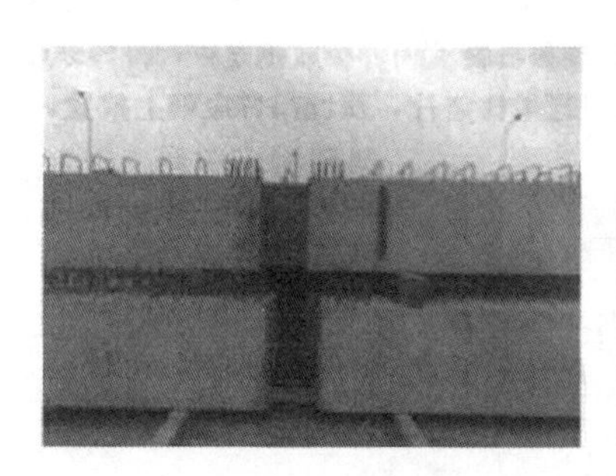

图 4.4.4　叠合梁堆放

（2）预制柱堆放（图 4.4.5）

图 4.4.5　预制柱堆放

（3）叠合板堆放（图 4.4.6、图 4.4.7）

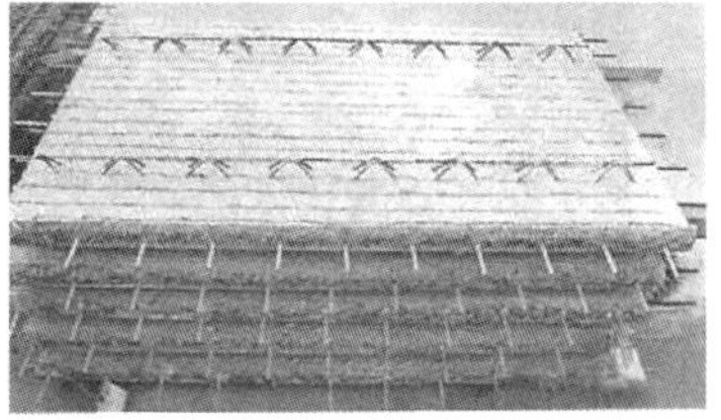

图 4.4.6　叠合板堆放

图 4.4.7　叠合板立体堆放

（4）预制墙板堆放（图 4.4.8）

图 4.4.8　预制墙板堆放

（5）预制楼梯堆放（图 4.4.9）

图 4.4.9　预制楼梯板堆放

练习题

一、单择题

1. 下列选项中，关于预制构件运输工装控制要点的说法错误的是（　　）。

A. 外墙板以立运为宜

B. 饰面层应朝外对称靠放，与地面倾斜度不宜小于 50°

C. 梁、板、楼梯、阳台以平运为宜

D. 构件从成品堆放区吊出前，应根据设计要求或强度验算结果，在运输车辆上支设好运输架

2. 下列选项中，关于施工组织设计编制依据的说法错误的是（　　）。

A. 施工组织设计应遵循与工程建筑有关的法律法规文件和现行的规范标准

B. 组织设计应仔细阅读工程设计文件及工程施工合同，理解把握工程特点、图纸及合同所要求的建筑功能结构性能、质量要求等内容

C. 施工组织设计应结合工程现场条件，工程地质及水文地质、气象等自然条件

D. 施工组织设计只需结合企业自身生产能力制定工程主要施工办法及总体目标

3. 下列选项中，关于预制构件吊装阶段平面布置要求的说法错误的是（　　）。

A. 施工道路宽度需满足构件运输车辆的单向开行及卸货吊车的支设空间

B. 道路平整度和路面强度需满足吊车吊运大型构件时的承载力要求

C. 构件存放宜按照吊装顺序及流水段配套堆放

D. 墙板、楼面板等重型构件宜靠近塔式起重机中心存放

4. 预制构件堆放时，构件支垫应坚实，垫块在构件下的位置宜与脱模、吊装时起吊的位置（　　）。

A. 外移 30cm　　　　B. 内移 30cm

C. 一致　　　　D. 以上说法均不对

5. 放架堆放或运输墙板时，构件与地面倾斜角度宜大于（　　）。

A. 30°　　B. 45°　　C. 60°　　D. 80°

6. 预制构件吊装时，吊具应按国家现行有关标准的规定进行设计、验算和试验检验。吊具应根据预制构件形状、尺寸及重量等参数进行配置，吊索水平夹角不宜小于（　　）。

A. 30°　　B. 45°　　C. 60°　　D. 80°

7. 预制楼板、叠合板、空调板、阳台板等构件应平放，叠放层数不宜超过（　　）层。

A. 4　　B. 6　　C. 8　　D. 10

8. 预制构件吊装过程中，宜设置（　　）控制构件转动。

A. 铁丝　　B. 钢丝　　C. 缆风绳　　D. 防滑鞋

9. 预制构件使用的吊具和吊装时吊索的夹角，涉及拆模吊装时的安全，此项内容非常重要，应严格执行。在吊装过程中，吊索水平夹角不宜大于（　　）且不应小于（　　）。

A. 90°，60°　　B. 90°，45°　　C. 60°，30°　　D. 60°，45°

10. 尺寸较大或形状复杂的预制构件应使用分配梁或分配桁架类吊具，并应保证吊车

主钩位置、吊具及预制构件（　　）在垂直方向重合。

A. 内心　　B. 垂心　　C. 中心　　D. 重心

11. 预制构件的运输，当采用靠放架堆放或运输构件时，靠放架应具有足够的承载力和刚度，与地面倾斜角度宜大于（　　）。

A. 60°　　B. 70°　　C. 80°　　D. 90°

12. 墙板构件应根据施工要求选择堆放和运输方式。对于外观复杂墙板宜采用插放架或靠放架直立堆放、直立运输。采用靠放架直立堆放的墙板宜对称靠放、饰面朝外，倾斜角度不宜小于（　　）。

A. 60°　　B. 70°　　C. 80°　　D. 90°

13. 预制构件码放储存通常可采用（　　）和竖向固定码放两种方式。

A. 平面码放　　B. 叠层码放　　C. 插式码放　　D. 立向码放

14. 预制构件堆放储存对场地要求要平整、（　　）、有排水措施。

A. 清洁　　B. 坚实　　C. 牢固　　D. 宽敞

15. 预制构件的运输应制定运输计划及相关方案，其中包括运输时间、次序、场地、线路、（　　）及堆放支垫等内容。

A. 运输单位　　B. 运输车辆　　C. 验收人员　　D. 成品保护措施

16. 墙板采用靠放架堆放时与地面倾斜角度宜大于（　　）。

A. 80°　　B. 60°　　C. 70°　　D. 30°

17. 在运输构件时，大型货运汽车载物高度从地面起不准超过（　　）m。

A. 3　　B. 5　　C. 4　　D. 6

18. 预制叠合板进场后，堆放时间不宜超过（　　）。

A. 两个月　　B. 三个月　　C. 半年　　D. 一年

二、填空题

1. 运输构件板的搁置点距端部的距离是________。

2. 预制构件脱模起吊时的混凝土强度应计算确定，且不宜小于________。

模块五

Modular 05

现场安装前准备工作

一、知识目标

熟悉装配式建筑项目图纸，组织人员开展相关培训，对进场预制构件进行检测，并合理存储，掌握安装构件需要的机械设备相关性能。

二、能力目标

学会项目准备工作内容，会检测进场构件的质量，根据施工组织设计，能合理安排构件存储场地。合理选择安装需要的设备和器具。

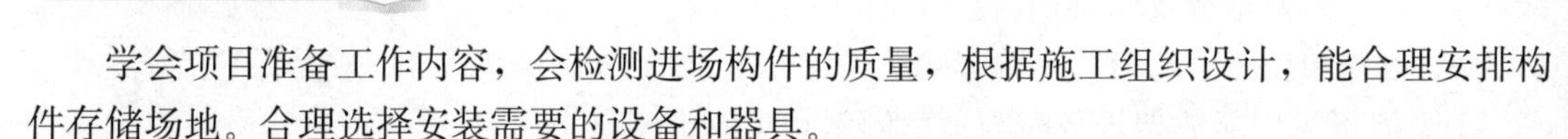

三、素养目标

能沟通协调团队成员，按照规范对进场预制构件外观、质量进行检验，并对检验合格构件进行合理存储安放，形成严谨的质量和安全观念。

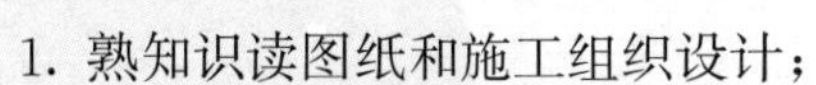

四、1+X技能等级证书考点

1. 熟知识读图纸和施工组织设计；
2. 熟知进行施工前的安全检查；
3. 熟知进行进场混凝土构件存储和质量检查；
4. 熟知复核并确保现场安装条件。

5.1 模块五
现场安装前
准备工作

任务一　技术准备

（一）深化设计图准备

装配式混凝土结构工程施工前，应由相关单位完成深化设计，并经原设计单位确认。预制构件的深化设计图应包括但不限于下列内容：

（1）预制构件模板图、配筋图、预埋吊件及各种预埋件的细部构造图等。

（2）夹心保温外墙板，应绘制内外叶墙板拉结件布置图及保温板排板图。

（3）水、电线、管、盒预埋预设布置图。

（4）预制构件脱模、翻转过程中混凝土强度及预埋吊件的承载力的验算。

（5）对带饰面砖或带饰面板的构件，应绘制排砖图或排板图。

（二）施工组织设计

工程项目明确后，应该认真编写专项施工组织设计，编写要突出装配式结构安装的特点，对施工组织及部署的科学性、施工工序的合理性、施工方法选用的技术性、经济性和实现的可能性进行科学的论证；能够达到科学合理地指导现场，组织调动人、机、料、具等资源，完成装配式安装的总体要求；针对一些技术难点提出解决问题的方法。专项施工组织设计的基本内容应包括以下几项：

（1）编制依据：指导安装所必需的施工图（包括构件拆分图和构件布置图）和相关的国家标准、行业标准、省和地方标准及强制性条文和企业标准。

（2）工程概况：

工程总体简介包括：

1）工程名称、地址、建筑规模和施工范围；

2）建设单位、设计单位、监理单位；

3）质量和安全目标；

4）工程设计结构及建筑特点：结构安全等级、抗震等级、地质水文、地基与基础结构以及消防、保温等要求。同时，要重点说明装配式结构的体系形式和工艺特点，对工程难点和关键部位要有清晰的预判；

5）工程环境特征：场地供水、供电、排水情况；详细说明与装配式结构紧密相关的气候条件包括雨、雪、风特点；对构件运输影响大的道路桥梁情况。

（3）施工部署：合理划分流水施工段是保证装配式结构工程施工质量和进度以及高效进行现场组织管理的前提条件。装配式混凝土结构工程一般以一个单元为一个施工段，从每栋建筑的中间单元开始流水施工。

对于装配式结构应该编制预制构件明细表，见表 5.1.1。预制构件明细表的编制和施工段的划分为预制构件生产计划的安排、运输和吊装的组织提供了非常重要的依据。

施工部署还应该包括整体进度计划：结构总体施工进度计划、构件生产计划、构件安装进度计划、分部和分项工程施工进度计划；预制构件运输，包括车辆数量、运输路线、现场装卸方法、起重和安装计算。

预制构件明细表　　表 5.1.1

序号	构件编号	安装位置	楼层	性质							尺寸			重量	备注
				外墙	内墙	剪力墙	填充墙	梁	叠合板	楼梯	长	宽	厚或高		

(4) 施工场地平面布置。

(5) 主要设备机具计划。

(6) 构件安装工艺：测量放线、节点施工、防水施工、成品保护及修补措施。

(7) 施工安全：吊装安全措施、专项施工安全措施及应急预案。

(8) 质量管理：构件安装的专项施工质量管理。

(9) 绿色施工与环境保护措施。

(三) 施工现场平面布置

施工现场平面布置图是在拟建工程的建筑平面上（包括周围环境），布置为施工服务的各种临时建筑、临时设施及材料、施工机械、预制构件等，是施工方案在现场的空间体现。它反映已有建筑与拟建工程之间、临时建筑与临时设施间的相互空间关系。布置得恰当与否、执行得好坏，对现场的施工组织、文明施工以及施工进度、工程成本、工程质量和安全都将产生直接的影响。根据现场不同施工阶段（期），施工现场总平面布置图可分为基础工程施工总平面图、装配式结构工程施工阶段总平面图、装饰装修阶段施工总平面布置图。现针对装配式建筑施工重点介绍装配式结构工程施工阶段现场总平面图的设计与管理工作。

1. 施工总平面图的设计内容

(1) 装配式建筑项目施工用地范围内的地形状况；

(2) 全部拟建建（构）筑物和其他基础设施的位置；

(3) 项目施工用地范围内的构件堆放区、运输构件车辆装卸点、运输设施；

(4) 供电、供水、供热设施与线路、排水排污设施、临时施工道路；

(5) 办公用房和生活用房；

(6) 施工现场机械设备布置图；

(7) 现场常规的建筑材料及周转工具；

(8) 现场加工区域；

(9) 必备的安全、消防、保卫和环保设施；

(10) 相邻的地上、地下既有建（构）筑物及相关环境。

2. 施工总平面图的设计原则

(1) 平面布置科学合理，减少施工场地的占用面积；

(2) 合理规划预制构件堆放区域，减少二次搬运；构件堆放区域单独隔离设置，禁止无关人员进入；

(3) 施工区域的划分和场地的临时占用应符合总体施工部署和施工流程的要求，减少相互干扰；

（4）充分利用既有建（构）筑物和既有设施为项目施工服务，降低临时设施的建造费用；

（5）临时设施应方便生产和生活，办公区、生活区、生产区宜分离设置；

（6）符合节能、环保、安全和消防等要求；

（7）遵守当地主管部门和建设单位关于施工现场安全文明施工的相关规定。

3. 施工总平面图的设计要点

（1）设置大门，引入场外道路。施工现场宜考虑设置两个以上大门。大门应考虑周边路网情况、道路转弯半径和坡度限制，大门的高度和宽度应满足大型运输构件车辆的通行要求。

（2）布置大型机械设备。布置塔式起重机时，应充分考虑其塔臂覆盖范围、塔式起重机端部吊装能力、单体预制构件的重量以及预制构件的运输、堆放和构件装配施工。

（3）布置构件堆场。构件堆场应满足施工流水段的装配要求，且应满足大型运输构件车辆、汽车式起重机的通行、装卸要求。为保证现场施工安全，构件堆场应设围挡，防止无关人员进入。

（4）布置运输构件车辆装卸点。装配式建筑施工构件采用大型运输车辆运输。车辆运输构件多、装卸时间长，因此，应该合理地布置运输构件车辆构件装卸点，以免因车辆长时间停留影响现场内道路的畅通，阻碍现场其他工序的正常作业施工。装卸点应在塔式起重机或者起重设备的塔臂覆盖范围之内，且不宜设置在道路上。

（四）图纸会审

建筑设计图纸是施工企业进行施工活动的主要依据，图纸会审是技术管理的一个重要方面，熟悉图纸、掌握图纸内容、明确工程特点和各项技术要求、理解设计意图，是确保工程质量和工程顺利进行的重要前提。

图纸会审是由设计、施工、监理单位以及有关部门参加的图纸审查会，其目的有两个：一是使施工单位和各参建单位熟悉设计图纸，了解工程特点和设计意图，找出需要解决的技术难题，并制定解决方案；二是解决图纸中存在的问题，减少图纸的差错，使设计达到经济合理、符合实际，以利于施工顺利进行。图纸会审程序通常先由设计单位进行交底，内容包括设计意图、生产工艺流程、建筑结构造型、采用的标准和构件、建筑材料的性能要求；对施工程序、方法的建议和要求以及工程质量标准与特殊要求等。然后，由施工单位（包括建设、监理单位）提出图纸自审中发现的图纸中的技术差错和图面上的问题，如工程结构是否经济、合理、实用，对设计图中不合理的地方提出改进建议；各专业图纸各部分尺寸、标高是否一致，结构、设备、水电安装之间，各种管线安装之间有无矛盾，总图与大样之间有无矛盾等，设计单位均应一一明确交底和解答。会审时，要细致、认真地做好记录。会审时施工等单位提出的问题由设计解答，整理出“图纸会审记录”，由建设、设计和施工、监理单位共同会签，“图纸会审记录”作为施工图纸的补充和依据。不能立刻解决的问题，会后由设计单位发设计修改图或设计变更通知单。

项目技术负责人组织各专业技术人员认真学习设计图纸，领会设计意图，做好图纸审查会前的图纸自审，一般采用先粗后精、先建筑后结构、先大后细、先主体后装修、先一般后特殊的方法。在自审图纸时，还应注意：一是图样与说明要结合看，要仔细看设计总说明和每张图纸中的细部说明，注意说明与图面是否一致，说明问题是否清楚、明确，说明中的要求是否切实可行；二是土建图与安装图要结合看，要对照土建和机、电、水等图纸，核对土建安装之间有无矛盾，预埋铁件、预留孔洞位置、尺寸和标高是否相符等，并提前将自审意见集中整理成书面汇总。

对于装配式结构的图纸会审应重点关注以下几个方面：

（1）装配式结构体系的选择和创新应该得到专家论证，深化设计图应该符合专家论证的结论；

（2）对于装配式结构与常规结构的转换层，其固定墙部分需与预制墙板灌浆套筒对接的预埋钢筋的长度和位置；

（3）墙板间边缘构件竖向主筋的连接和箍筋的封闭，后浇混凝土部位粗糙面和键槽；

（4）预制墙板之间上部叠合梁对接节点部位的钢筋（包括锚固板）搭接是否存在矛盾；

（5）外挂墙板的外挂节点做法、板缝防水和封闭做法；

（6）水、电线管盒的预埋、预留，预制墙板内预埋管线与现浇楼板的预埋管线的衔接。

任务二　人员准备

（一）人员培训

根据装配式混凝土结构工程的管理和施工技术特点，对管理人员及作业人员进行专项培训，严禁未培训者上岗及培训不合格者上岗；要建立完善的内部教育和考核制度，通过定期考核和劳动竞赛等形式提高职工素质。对于长期从事装配式混凝土结构施工的企业，逐步建立专业化的施工队伍。

钢筋套筒灌浆作业是装配式结构的关键工序，是有别于常规建筑的新工艺。因此施工前，应对工人进行专门的灌浆作业技能培训，模拟现场灌浆施工作业流程，提高注浆工人的质量意识和业务技能，确保构件灌浆作业的施工质量。

（二）技术安全交底

技术交底的内容包括图纸交底、施工组织设计交底、设计变更交底、分项工程技术交底。技术交底采用三级制，即由项目技术负责人、施工员、班组长分别进行交底，项目技术负责人向施工员进行交底，要求细致、齐全，并应结合具体操作部位、关键部位的质量要求、操作要点及安全注意事项等进行交底；施工员接受交底后，应反复、细致地向操作班组进行交底，除口头和文字交底外，必要时应进行图表、样板、示范操作等方法的交底；班组长在接受交底后，应组织工人进行认真讨论，保证其明确施工意图。

对于现场施工人员要坚持每日班前会制度，与此同时进行安全教育和安全交底，做到安全教育天天讲，安全意识念念不忘。

任务三　施工现场和构件准备

（一）构件停放场地及存放

根据装配式混凝土结构专项施工方案制定预制构件场内的运输与存放计划。预制构件场内运输与存放计划包括进场时间、次序、存放场地、运输线路、固定要求、码放支垫及成品保护措施等内容，对于超高、超宽、形状特殊的大型构件的运输和码放应采取专项质量安全保证措施。

（1）施工现场内道路应按照构件运输车辆的要求合理设置转弯半径及道路坡度。

（2）现场运输道路和存放堆场应坚实、平整，并有排水措施。运输车辆进入施工现场的道路，应满足预制构件的运输要求。预制构件装卸、吊装的工作范围内不应有障碍物，并应有满足预制构件周转使用的场地（图 5.3.1）。

图 5.3.1　预制墙板构件堆放周转场地

（3）预制构件装卸时应考虑车体平衡，采取绑扎固定措施；预制构件边角部或与紧固用绳索接触的部位，宜采用垫衬加以保护。

（4）预制构件运送到现场后，应按规格、品种、使用部位、吊装顺序分别设置存放场地。存放场地应设置在吊车的有效吊重覆盖范围半径内，并设置通道。

（5）预制墙板宜对称插放或靠放存放，支架应有足够的刚度，并支垫稳固。预制外墙板宜对称靠放、饰面朝外，且与地面倾斜角度不宜小于 80°。

（6）预制板类构件可采用叠放方式存放，构件层与层之间应垫平、垫实，每层构件之间的垫木或垫块应在同一垂直线上。大跨和特殊构件叠放层数和支垫位置，应根据构件施工验算确定。

（7）预制墙板插放于墙板专用堆放架上（图 5.3.2），堆放架设计为两侧插放，堆放架应满足强度、刚度和稳定性的要求，堆放架必须设置防磕碰、防下沉的保护措施；保证构件堆放有序、存放合理，确保构件起吊方便、占地面积最小。墙板堆放时根据墙板的吊装编号顺序进行堆放，堆放时要求两侧交错堆放，保证堆放架的整体稳定性。

图 5.3.2　墙板专用堆放架

（二）构件入场检验

（1）对入场的预制构件的外观质量进行全数检查，见表 5.3.1。检验方法是观察检查，要求外观质量不宜有一般缺陷、不应有严重缺陷。

预制构件外观质量判定方法　　表 5.3.1

项目	现象	质量要求	判定方法
露筋	钢筋未被混凝土完全包裹而外露	受力主筋不应有，其他构造钢筋和箍筋允许少量	观察
蜂窝	混凝土表面石子外露	受力主筋部位和支撑点位置不应有，其他部位允许少量	观察
孔洞	混凝土中孔穴深度和长度超过保护层厚度	不应有	观察
夹渣	混凝土中夹有杂物且深度超过保护层厚度	禁止夹渣	观察
外形缺陷	内表面缺棱掉角、表面翘曲、抹面凹凸不平，外表面面砖粘结不牢、位置偏差、面砖嵌缝没有达到横平竖直，转角面砖棱角不直、面砖表面翘曲不平	内表面缺陷基本不允许，要求达到预制构件允许偏差；外表面仅允许极少量缺陷，但禁止面砖粘结不牢、位置偏差、面砖翘曲不平，不得超过允许值	观察

续表

项目	现象	质量要求	判定方法
外表缺陷	内表面麻面、起砂、掉皮、污染，外表面面砖污染、窗框保护层破坏	允许少量污染等不影响结构使用功能和结构尺寸的缺陷	观察
连接部位缺陷	连接处混凝土缺陷及连接钢筋、连接件松动	不应有	观察
破损	影响外观	影响结构性能的破损不应有，不影响结构性能和使用功能的破损不宜有	观察
裂缝	裂缝贯穿保护层到达构件内部	影响结构性能的裂缝不应有，不影响结构性能和使用功能的裂缝不宜有	观察

（2）入场的预制构件尺寸的允许偏差应符合表 5.3.2 的规定，对于施工过程中临时使用的预埋件中心线位置及后浇混凝土部位的预制构件尺寸偏差可按表中的规定放大一倍执行。检查数量：按同一生产企业、同一品种的构件，不超过 100 个为一批，每批抽查构件数量的 5%，且不少于 3 件。构件入场实测检验如图 5.3.3 所示。

预制构件尺寸的允许偏差及检验方法　　表 5.3.2

项目		允许偏差(mm)	检验方法
长度	板、梁	+10，−5	钢尺检查
	柱	+5，−10	
	墙板	±5	
	薄腹梁、桁架	+15，−10	
宽度、高(厚)度	板、梁、柱、墙板、薄腹梁、桁架	±5	钢尺量一端及中部，取其中较大值
侧向弯曲	梁、柱、板	$l/750$ 且≤20	拉线、钢尺量最大侧向弯曲处
	墙板、薄腹梁、桁架	$l/1000$ 且≤20	
预留孔	中心线位置	5	钢尺检查
预留洞	中心线位置	15	钢尺检查
主筋保护层厚度	板	+5，−3	钢尺或保护层厚度测定仪量测
	梁、柱、墙板、薄腹梁、桁架	+10，−5	
对角线差	板、墙板	10	钢尺量两个对角线
表面平整度	板、墙板、柱、梁	5	2m 靠尺和塞尺检查
预应力构件预留孔道位置	梁、墙板、薄腹梁、桁架	3	钢尺检查
翘曲	板	$l/750$	调平尺在两端量测
	墙板	$l/1000$	

续表

项目		允许偏差(mm)	检验方法
预埋件	预埋板中心线位置	5	钢尺检查
	预埋板与混凝土面平面高差	0,−5	
	预埋螺栓中心线位置	2	
	预埋螺栓外露长度	+10,−5	
	预埋螺栓、预埋套筒中心线位置	2	
	预埋套筒、螺母与混凝土面平面高差	0,−5	
	线管、电盒、木砖、吊环与构件平面的中心线位置偏差	20	
	线管、电盒、木砖、吊环与构件表面混凝土高差	0,−10	
预留插筋	中心线位置	3	钢尺检查
	外露长度	+5,−5	
键槽	中心线位置	5	尺量检查
	长度、宽度、深度	±5	
桁架钢筋高度		+5,0	尺量检查

注：1. l 为构件长度（mm）；
2. 检查中心线、螺栓和孔道位置时，应沿纵、横两个方向量测，并取其中的较大值；
3. 对形状复杂或有特殊要求的构件，其尺寸偏差应符合标准图或设计的要求；
4. 本表由施工项目专业质量检查员填写，专业监理工程师（建设单位项目专业技术负责人）组织项目专业质量（技术）负责人等进行验收。

（3）应详细复查其粗糙面（露集料）（图 5.3.4）是否达到规范和设计要求；检查灌浆套筒是否畅通、有无异物和油污；检查钢筋的锚固方式及锚固长度。

图 5.3.3　构件入场实测检验

图 5.3.4　水洗粗糙面实例

（4）检查并留存出厂合格证及查收以下证明文件：

1）预制构件隐蔽工程质量验收表。

2）预制构件出厂质量验收表。

3）钢筋进厂复验报告。

4）混凝土留样检验报告。

5）保温材料、拉结件、套筒等主要材料进厂复验检验报告。

6）产品合格证。

7）产品说明书。

8）其他相关的质量证明文件等资料。

任务四　场内水平运输设备的选用与准备

（一）场内转场运输设备

场内转场运输设备应根据现场的具体实际道路情况合理选择，若场地大可以选择拖板运输车（图 5.4.1）。

图 5.4.1　拖板运输车

（二）翻板机

对于长度大于生产线宽度，同时运输超高的竖向板，必须短边侧向翻板起模和运输，到现场则必须将板旋转 90°实现竖向吊装。图 5.4.2 所示为液压翻板机翻板过程。

图 5.4.2　液压翻板机翻板过程

任务五　垂直起重设备及用具的选用与准备

（一）起重吊装设备

根据装配式混凝土结构工程的施工要求，合理选择并配备吊装设备；根据预制构件存放、安装和连接等要求，确定安装使用的机具方案，合理的方案可实现预制构件存放便利、吊装快捷、就位准确、安全可靠。选择吊装主体结构预制构件的起重机械时，应关注的事项宜按以下要求执行：起重量、作业半径（最大半径和最小半径）、力矩应满足最大预制构件组装作业要求，起重机械的最大起重量不宜小于 10t，塔式起重机应具有安装和拆卸空间，轮式或履带式起重设备应具有移动式作业空间和拆卸空间，起重机械的提升或降速应满足预制构件的安装和调整要求。

装配式混凝土工程中选用的起重机械，根据设置形态可以分为固定式和移动式，施工时要根据施工场地和建筑物形状进行灵活选择。

起重机械选择的关键在于将作业半径控制在最小，根据预制混凝土构件的运输路径在起重机施工空间的有无等要素，决定采用移动式的履带式起重机还是采用固定式的塔式起重机。另外，选择要素时还要考虑主体工程时间，综合判断起重机的租赁费用、组装与拆卸费用以及拆换费用。

（二）吊具的选择与验算

1. 吊具选择

吊具应按现行国家相关标准的有关规定进行设计验算或试验检验，经验证合格后方可使用；应根据预制构件的形状、尺寸及重量要求选择适宜的吊具，在吊装过程中，吊索水平夹角不宜大于 60°，不应小于 45°；尺寸较大或形状复杂的预制构件应选择设置分配梁或分配桁架的吊具，并应保证吊车主钩位置、吊具及构件重心在竖直方向重合。

吊具、吊索的使用应符合施工安装的安全规定。预制构件起吊时的吊点合力应与构件重心重合，宜采用标准吊具均衡起吊就位，吊具可采用预埋吊环或埋置式接驳器的形式：专用内埋式螺母或内埋吊杆及配套的吊具，应根据相应的产品标准和应用技术规定选用。

预制混凝土构件吊点应提前设计好，根据预留吊点选择相应的吊具。在起吊构件时，为了使构件稳定，不出现摇摆、倾斜、转动、翻倒等现象，应选择合适的吊具。无论采用几点吊装，始终要使吊钩和吊具的连接点的垂线通过被吊构件的重心，它直接关系到吊装结果和操作的安全性。

吊具的选择必须保证被吊构件不变形、不损坏，起吊后不转动、不倾斜、不翻倒。吊具的选择应根据被吊构件的结构、形状、体积、重量、预留吊点以及吊装的要求，结合现场作业条件，确定合适的吊具。吊具选择必须保证吊索受力均匀。各承载吊索间的夹角一般不应大于 60°，其合力作用点必须保证与被吊构件的重心在同一条铅垂线上，保证吊运过程中吊钩与被吊构件的重心在同一条铅垂线上。在说明中提供吊装图的构件，并应按吊装图进行吊装。在异形构件装配时，可采用辅助吊点配合简易吊具调节物体所需的位置。

当构件未设计吊钩（点）时，应通过计算确定绑扎点的位置。绑扎的方法应保证可靠和摘钩简便安全。

2. 吊具验算

验算主要有钢丝绳强度验算、吊具强度。相应的验算方法应符合《混凝土结构设计规范（2015 年版）》GB 50010—2010 的规定。

任务六　装配式混凝土结构工程施工辅助设备的准备

（一）装配式结构脚手架

（1）高层住宅项目的施工必须搭设悬挑外脚手架（图 5.6.1），并且做严密的防护。

图 5.6.1　悬挑外脚手架

（2）严格按照施工方案规定的尺寸进行搭设，并确保节点连接达到要求；要有可靠的安全防护措施，包括两道护身栏，作业层的外侧面应设密目安全网，安全网应用钢丝与脚手架绑扎牢固；架子外侧应设挡脚板，挡脚板高度应不低于 18cm；搭设完毕后和每次外防护架提升后应进行检查验收，检查合格后方可使用。

（3）外防护架允许的负荷最大不得超过 2.22kN/m，脚手架上严禁堆放物料，严禁将模板支设在脚手架上，人员不得集中停留。

（4）应严格避免以下违章作业：利用脚手架吊运重物；非架子工的其他作业人员上下攀爬架子；推车在架子上跑动；在脚手架上拉结吊装缆绳；随意拆除脚手架部件和连墙杆件；起吊构件和器材时碰撞或扯动外防护架；提升时架子上站人。

（5）六级以上大风、大雾、大雨和大雪天气应暂停外防护架作业面施工。

（6）经常检查穿墙拉杆、安全网、外架吊具是否损坏，松动时必须及时更换。

（二）灌浆设备与用具

灌浆设备主要有用于搅拌注浆料的手持式电钻搅拌机，用于计量水和注浆料的电子秤和量杯，用于向墙体注浆的注浆器，用于湿润接触面的水枪。

灌浆用具主要有用于盛水、试验流动度的量杯，用于流动度试验用的坍落度筒和平板，用于盛水、注浆料的大小水桶，用于把木头塞打进注浆孔封堵的铁锤，以及小铁锹、剪刀、扫帚等。

灌浆设备和用具如图 5.6.2 所示。

图 5.6.2　灌浆设备和用具

练习题

(一) 选择题

1. 施工现场应根据施工平面规划设置运输通道和存放场地，下列说法不符合规定的是（　　）。

A. 现场运输道路和存放场地应坚实平整，并应有排水设施

B. 施工现场内道路应按照构件运输车辆的要求合理设置转弯半径及道路坡度

C. 预制构件运送到施工现场后，所有构件堆放在一起，不需要分类码放

D. 构件的存放架应具有足够的抗倾覆能力

2. 装配式混凝土建筑施工中采用的新技术、新工艺、新材料、新设备、应按有关规定进行评审、备案。施工前，应对新的或首次采用的施工工艺进行评价，并应制定专门的施工方案。施工方案经（　　）审核批准后实施。

A. 建设单位　　B. 监理单位

C. 设计单位　　D. 施工单位

(二) 填空题

1. ________作为装配式混凝土结构的基本组成单元，也是现场施工的第一个环节，预制构件进场验收至关重要。

2. 通过结合施工进度计划、合同信息以及各施工工艺对资源的需求等，优化资源配置计划，主要指的是专项施工方案模拟中________。

(三) 问答题

1. 简述装配式混凝土结构施工前准备有哪些工作内容？

2. 构件入场检验内容有哪些？

3. 灌浆材料需要工具有哪些？

模块六

结构构件安装与验收

一、知识目标

熟悉竖向构件、水平向构件安装工艺流程，熟悉相应预制构件进行安装施工过程中的质量检验项目、允许偏差和检查方法。

二、能力目标

学会依据规范对相应预制构件进行安装施工过程进行质量检查与验收，填写相应质量检查验收表格，对不合格项目提出整改措施。

三、素养目标

能沟通协调团队成员，按照规范对各类预制构件安装工艺，进行检查验收，形成严谨的质量观。

四、1+X技能等级证书考点

1. 能进行测量放线，设置构件安装的定位标识。
2. 能够进行预埋件放线及安装埋设。
3. 能够选择吊具，完成构件与吊具的连接。
4. 能够安全起吊构件，吊装就位，校核与调整。
5. 能够安装并调整临时支撑对构件的位置和垂直度进行微调。
6. 安装外挂围护墙。
7. 安装内隔墙。
8. 熟练完成预制构件安装环节操作。
9. 能够编制构件安装施工方案。
10. 能够完成构件安装技术交底。
11. 能够编制专项作业指导书。
12. 能够对构件安装质量进行检查，并处理质量问题。

6.1 模块六
结构构件安装与验收

任务一　预制混凝土竖向受力构件安装基本工艺

（一）现浇混凝土固定墙钢筋的定位及复核

根据《装配式混凝土结构技术规程》JGJ 1—2014 的规定，对于高层装配整体式结构宜设置地下室，地下室宜采用现浇混凝土；剪力墙结构底部加强部位的剪力墙宜采用现浇混凝土；框架结构首层柱宜采用现浇混凝土和承重墙、柱等竖向构件，宜上、下连续设计；对于采用钢筋灌浆套筒连接的结构，其现浇混凝土结构与预制墙体连接转换部位预埋钢筋定位的准确性，将直接影响预制墙板吊装的结构安全和施工速度。

定位钢筋应该严格按设计要求进行加工，同时，为了保证预制墙体吊装时能更快插入连接套筒中，所有定位钢筋插入段必须采用砂轮切割机切割，严禁使用钢筋切断机切断。切割后应保证插入端无切割毛刺。

为保证预制墙体定位插筋位置准确，可以采用钢筋定位措施件预绑和钢筋定位措施件调整准确定位。

在吊装前，定位钢筋位置的准确性还应再认真地复查一遍，浇筑混凝土前应该将定位钢筋插入端全部用塑料管包敷，避免被混凝土粘挂污染，如图 6.1.1 所示。待上部墙板吊装安放前拆除。

图 6.1.1　定位钢筋保护

（二）钢筋套筒灌浆连接试件接头的结构试验

装配整体式结构构件的竖向钢筋连接主要是采用钢筋套筒灌浆连接方式，装配整体式结构构件的竖向钢筋连接还有用螺旋箍筋环绕搭接受力钢筋并注浆锚固的做法。

钢筋套筒灌浆连接套筒的材质分类有两种：钢质灌浆套筒和球墨铸铁半灌浆套筒。经实践证明，钢筋套筒灌浆连接方式成功地解决了装配式混凝土结构竖向钢筋连接的难题。但是也必须对其连接的可靠性予以高度的重视，除要求钢筋套筒的质量必须符合《钢筋连接用灌浆套筒》JG/T 398—2019 的要求；半钢筋套筒和钢筋的螺纹连接符合《钢筋机械连接技术规程》JGJ 107 的要求；灌浆料符合《钢筋连接用套筒灌浆料》JG/T 408 的要求外，还在《装配式混凝土结构技术规程》JGJ 1—2014 第 11.1.4 条中严格规定：预制结构构件采用钢筋套筒灌浆连接时，应在构件生产前进行钢筋套筒灌浆连接接头的抗拉强度试验，每种规格的连接接头试件数量不应少于 3 个。因此，钢筋套筒灌浆连接接头抗拉强度的需要见证取样试验，并取得合格证明是预制混凝土构件安装施工准备的重要一环。相关检验方法详见模块二。

（三）预制混凝土竖向受力构件的安装

竖向构件安装工艺流程图如图 6.1.2 所示。

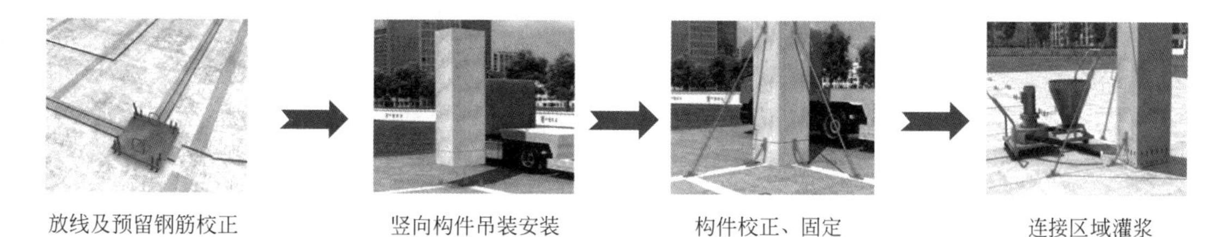

图 6.1.2　竖向构件安装工艺流程图

1. 安装位置测量画线、铺设坐浆料

安装施工前，应在预制构件和已完成的结构上测量放线，设置安装定位标志；对于装配式剪力墙结构测量、安装、定位主要包括以下内容：下层楼面轴线垂直控制点不应少于 4 个，楼层上的控制轴线应使用经纬仪由底层原始点垂直向上引测；每个楼层应设置 1 个引测控制点；预制构件控制线应由轴线引出，每块预制构件应有纵、横控制线各 2 条；预制外墙板安装前应在墙板内侧弹出竖向与水平线，安装线应与楼层上该墙板控制线相对应。当采用饰面砖外装饰时，饰面砖竖向、横向砖缝应引测，贯通到外墙内侧来控制相邻板与板之间、层与层之间饰面砖砖缝对直；预制外墙板垂直度测量，4 个角留设的测点为预制外墙板转换控制点，用靠尺以此 4 点在内侧进行垂直度校核和测量，在构件上预埋标高控制调节件。

测量过程中应该及时将所有柱、墙、门洞的位置在地面弹好墨线，并准备铺设坐浆料。将安装位洒水阴湿，地面上、墙板下放好垫块，垫块保证墙板底标高的正确，由于坐浆料通常在 1h 内初凝，所以吊装必须连续作业，相邻墙板的调整工作必须在坐浆料初凝前进行。

铺设坐浆料，坐浆料必须满足以下技术要求：

（1）坐浆料坍落度不宜过高，一般在市场购买 40～60MPa 的灌浆料使用小型搅拌机（容积可容纳一包料即可）加适当的水搅拌而成，不宜调制过稀，必须保证坐浆完成后成中间高、两端低的形状。

（2）在坐浆料采购前需要与厂家约定浆料内粗集料的最大粒径为 4～5mm，且坐浆料必须具有微膨胀性。

（3）坐浆料的强度等级应比相应的预制墙板混凝土的强度提高一个等级。

（4）为防止坐浆料填充到外叶板之间，在苯板处补充 50mm×20mm 的苯板堵塞缝隙。剪力墙底部接缝处坐浆强度应该满足设计要求。同时，以每层为一检验批；每工作班应制作一组且每层不少于 3 组，边长为 70.7mm 的立方体试件，标准养护 28d 后进行抗压强度试验。

2. 吊装、定位校正和临时固定

(1) 墙板吊装。由于吊装作业需要连续进行，所以吊装前的准备工作非常重要。首先应将所有柱、墙、门洞的位置在地面弹好墨线，根据后置埋件布置图，采用后钻孔法安装预制构件定位卡具，并进行复核检查；同时，对起重设备进行安全检查，并在空载状态、对吊臂角度、负载能力、吊绳等进行检查，对吊装困难的部件进行空载实际演练（必须进行），将捯链、斜撑、螺钉、扳手、靠尺、开孔电钻等工具准备齐全，操作人员对操作工具进行清点。检查预制构件预留螺栓孔畅通情况，在吊装前进行修复，保证螺栓孔丝扣完好；架好经纬仪、水准仪并调平。预制构件在吊装过程中应保持稳定，不得偏斜、摇摆和扭转。吊装时，一定采用扁担式吊具吊装。

(2) 墙板定位校正。墙板底部若局部套筒未对准时，可使用捯链将墙板手动微调、对孔。底部没有灌浆套筒的外填充墙板直接顺着角码缓缓放下墙板。

垂直坐落在准确的位置后拉线复核水平是否有偏差，无误差后，利用预制墙板上的预埋螺栓和地面后置膨胀螺栓安装斜支撑杆，复测墙顶标高后，方可松开吊钩，利用斜撑杆调整好墙体的垂直度（在调节斜撑杆时必须两名工人同时、同方向，分别调节两根斜杆）；调节好墙体垂直度后，刮平底部坐浆。

安装施工应根据结构特点按合理顺序进行，需考虑到平面运输、结构体系转换、测量校正、精度调整及系统构成等因素，及时形成稳定的空间刚度单元。必要时应增加临时支撑结构或临时措施。单个混凝土构件的连接施工应一次性完成。

预制墙板等竖向构件安装后，应对安装位置、安装标高、垂直度、累计垂直度进行校核与调整；其校核与偏差调整原则可参照以下要求：预制外墙板侧面中线及板面垂直度的校核，应以中线为主进行调整；预制外墙板上下校正时，应以竖缝为主进行调整；墙板接缝应以满足外墙面平整为主，内墙面不平或翘曲时，可在内装饰或内保温层内调整；预制外墙板山墙阳角与相邻板的校正，以阳角为基准进行调整；预制外墙板拼缝平整的校核，应以楼地面水平线为准进行调整。

构件安装就位后，可通过临时支撑对构件的位置和垂直度进行微调。

(3) 墙板临时固定。安装阶段的结构稳定性对保证施工安全和安装精度非常重要，构件在安装就位后，应采取临时措施进行固定。临时支撑结构或临时措施应能承受结构自重、施工荷载、风荷载、吊装产生的冲击荷载等作用，并不至于使结构产生永久变形。

垂直度检查以及利用临时斜支撑调整杆调整垂直度如图 6.1.3 和图 6.1.4 所示。

装配式混凝土结构工程施工过程中，当预制构件或整个结构自身不能承受施工荷载时，需要通过设置临时支撑来保证施工定位、施工安全及工程质量。临时支撑包括水平构件下方的临时竖向支撑，在水平构件两端支撑构件上设置的临时牛腿，竖向构件的临时支撑等。

对于预制墙板，临时斜撑一般安放在其背后，且一般不少于两道；对于宽度比较小的墙板，也可仅设置 1 道斜撑。当墙板底部没有水平约束时，墙板的每道临时支撑包括上部斜撑和下部支撑，下部支撑可做成水平支撑或斜向支撑。对于预制柱，由于其底部纵向钢筋可以起到水平约束的作用，故一般仅设置上部支撑。柱的斜撑也最少要设置两道，且应设置在两个相邻的侧面上，水平投影相互垂直。

图 6.1.3　垂直度检查

图 6.1.4　利用临时斜支撑调整杆调整垂直度

临时斜撑与预制构件一般做成铰接，并通过预埋件进行连接。考虑到临时斜撑主要承受的是水平荷载，为充分发挥其作用，对上部的斜撑，其支撑点距离板底的距离不宜小于板高的 2/3，且不应小于高度的 1/2。

调整复核墙体的水平位置和标高、垂直度及相邻墙体的平整度后，填写预制构件安装验收表，施工现场负责人及甲方代表（或监理）签字后进入下道工序，依次逐块吊装直至本层外墙板全部吊装就位。

预制墙板斜支撑和限位装置应在连接节点和连接接缝部位后浇混凝土或灌浆料强度达到设计要求后拆除；当设计无具体要求时，后浇混凝土或灌浆料应达到设计强度的 75%以上方可拆除；预制柱斜支撑应在预制柱与连接节点部位后浇混凝土或灌浆料强度达到设计要求，且上部构件吊装完成后进行拆除。拆除的模板和支撑应分散堆放并及时清运，应采取措施避免施工集中堆载。

（四）钢筋套筒灌浆施工

1. 钢筋套筒灌浆施工规定

（1）钢筋套筒灌浆施工是装配式混凝土结构工程的关键环节之一。在实际工程中，施工的质量很大程度取决于施工过程控制，因此，要对作业人员进行专业培训考核；套筒灌浆及浆锚搭接连接施工尚需符合有关技术规程和认证配套产品使用说明书的要求；另外，灌浆料性能受环境温度影响明显，应充分考虑作业环境对材料性能的影响，采用切实可行的灌浆作业工艺，保证灌浆质量。

（2）保证套筒灌浆连接接头的质量必须满足以下要求：必须采用经过认证的配套产品，该产品应具有良好的施工工艺适应性，工艺检验的灌浆料要和形式检验以及施工现场采用的材料一致，工艺检验的套筒要和形式检验以及构件生产厂使用的套筒一致；严格执行专项质量保证措施和体系规定，明确责任主体；施工人员必须是经过培训合格的专业作业人员，严格执行技术操作要求；施工管理人员应进行全程施工质量检查记录，能提供可追溯的全过程的检查记录和影像资料；施工验收后，如对套筒灌浆连接接头质量有疑问，可委托第三方独立检测机构进行检测。

（3）墙板安装前，应核查形式检验报告和墙板构件生产前灌浆套筒接头工艺检验报告。同时按不超过1000个灌浆套筒为一批，每批随机抽取3个灌浆套筒制作对中连接接头试件，标养28d，并进行抗拉强度检验。此项为强制性条文，不可复检。

（4）灌浆料进场时，应对其拌合物30min流动度、泌水率及1d强度、28d强度、3h膨胀率进行检验，检验结果应符合《钢筋连接用套筒灌浆料》JG/T 408—2019的有关规定。检查数量要求：同一成分、同一工艺、同一批号的灌浆料，检验数量不应大于50t，每批按《钢筋连接用套筒灌浆料》JG/T 408—2019的有关规定随机抽取灌浆料制作试件。检验方法：检查质量证明文件和抽样检验报告。

2. 钢筋套筒灌浆施工工艺

（1）灌浆前，应制定灌浆操作的专项质量保证措施。

（2）标记与检查。标记每个套筒的位置，检查灌浆孔、出浆孔是否有影响浆料流动的杂物，确保孔路畅通。

（3）湿润注浆孔。注浆前应用水将注浆孔进行润湿。

（4）灌浆料制备。严格按本批产品出厂检验报告要求的水料比灌浆料与水拌合，以重量计，加水量与干料量为标准配合比，拌合用水必须经称量后加入（拌合用水采用饮用水，水温控制在20℃以下，尽可能现取现用）。为使灌浆料的拌合比例准确并且在现场施工时能够便捷地进行灌浆操作，现场使用量筒作为计量容器，根据灌浆料使用说明书加入拌合用水。先在搅拌桶内加入定量的水，搅拌机、搅拌桶就位后，将灌浆料倒入搅浆桶内加水搅拌，加水至约80%的水量搅拌3～4min后，再加所剩约20%的水，搅拌均匀后静置稍许、排气，然后进行灌浆作业。

灌浆料通常可为5～40℃使用。为避开夏季一天内温度过高时间、冬季一天内温度过低时间，保证灌浆料现场操作时所需的流动性，延长灌浆的有效操作时间，灌浆料初凝时间约为15min，夏季灌浆操作时，要求灌浆班组在上午十点之前、下午三点之后进行，并且保证灌浆料及灌浆器具不受太阳光直射。在灌浆操作前，可将与灌浆料接触的构件洒水降温，改善由构件表面温度过高、构件过于干燥产生的问题，并保证在最快时间完成灌浆；冬季该灌浆料操作要求室外温度高于5℃时才可进行灌浆操作。搅拌时间从开始投料到搅拌结束应不少于3min，应按产品使用要求计量灌浆料和水的用量并搅拌均匀，搅拌时叶片不得提至浆料液面之上，以免带入空气；拌置时需要按照灌浆料使用说明的要求进行，严格控制水料比、拌置时间，搅拌完成后应静置3～5min，待气泡排除后方可进行施工。灌浆料拌合物应在制备后0.5h内用完，灌浆料拌合物的流动度应满足现行国家相关标准和设计要求。

图6.1.5　灌浆料流动度检测

（5）灌浆料检验。主要进行流动度检验和现场强度检验。流动度检验（图6.1.5），每班灌浆连接施工前进行灌浆料初始流动度检验，流动度合格后方可使用；现场根据需要进行现场抗压强度实验，制作试件前浆料也需要静置约 2～3min，使浆内气泡自然排出，试块要密封后现场同条件养护。

（6）灌浆：用灌浆泵或灌浆枪从接头下方的灌浆孔处向套筒内压力灌浆，特别注意正常灌浆料要在自加水搅拌开始 20～30min 内灌完，以尽量保留一定的操作应急时间。

注意：同一仓只能在一个灌浆孔灌浆，不能同时选择两个以上孔灌浆；同一仓应连续灌浆，不得中途停顿，如果中途停顿，再次灌浆时，应保证已灌入的浆料有足够的流动性后，还需要将已经封堵的出浆孔打开，待灌浆料再次流出后逐个封堵出浆孔。

灌浆施工时环境温度应在 5℃以上，必要时，应对连接处采取保温加热措施，保证浆料在 48h 凝结硬化过程中连接部位的温度不低于 10℃。灌浆完毕后立即清洗搅拌机、搅拌桶、灌浆筒等器具，以免灌浆料凝固、清理困难。在每个班组灌浆操作时必须至少准备三个灌浆筒，其中一个备用。灌浆作业完成后 12h 内，构件和灌浆连接接头不应受到振动或冲击作用。

灌浆作业应及时形成施工质量检查记录表和影像资料。施工现场灌浆施工中，灌浆料的 28d 抗压强度应符合设计要求及《钢筋连接用套筒灌浆料》JG/T 408—2019 的规定，用于检验强度的试件应在灌浆地点制作。每工作班取样不得少于 1 次，每楼层取样不得少于 3 次；每次抽取 1 组试件每组 3 个试块，试块规格为 40mm×40mm×160mm，标准养护 28d 后进行抗压强度试验。

灌浆操作如图 6.1.6 所示。

（7）封堵灌浆、排浆孔。接头灌浆时，待接头上方的排浆孔流出浆料后，及时用专用橡胶塞封堵。灌浆泵（枪）口撤离灌浆孔时，也应立即封堵；通过水平缝连通腔一次向构件的多个接头灌浆时，应按浆料排出先后依次封堵灌浆排浆孔，封堵时灌浆泵一直保持灌浆压力，直至所有灌排浆孔出浆并封堵牢固后再停止灌浆。如有漏浆须立即补灌损失的浆料。在灌浆完成浆料凝固前，应巡视检查已灌浆的接头，如有漏浆及时处理。灌浆孔封堵如图 6.1.7 所示。

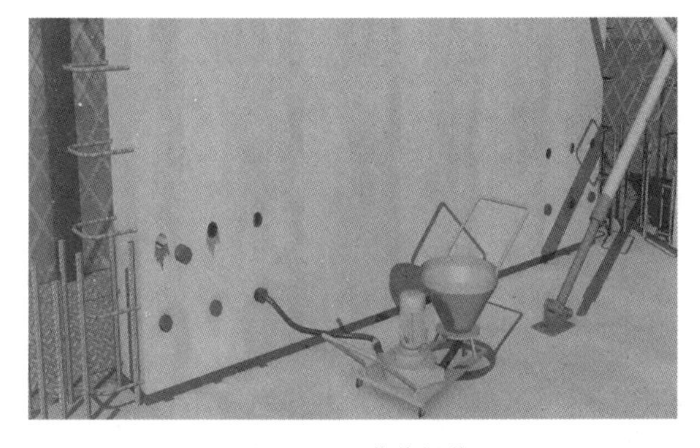

图 6.1.6　灌浆操作

图 6.1.7　灌浆孔封堵

（8）接头充盈度检查。灌浆料凝固后，取下灌排浆孔封堵胶塞，检查孔内凝固的灌浆料上表面应高于排浆孔下缘 5mm 以上。

（9）构件扰动和拆支撑模架条件。灌浆后灌浆料同条件试块强度达到 35MPa 后方可进入后续施工；通常，环境温度在 15℃以上，24h 内构件不得扰动；5～15℃以上，48h

内构件不得扰动；5℃以下，视情况而定。如对构件接头部位采取加热保温措施，要保持加热5℃以上至少48h，期间构件不得扰动；拆支撑要根据设计荷载情况确定。

微课——套筒灌浆

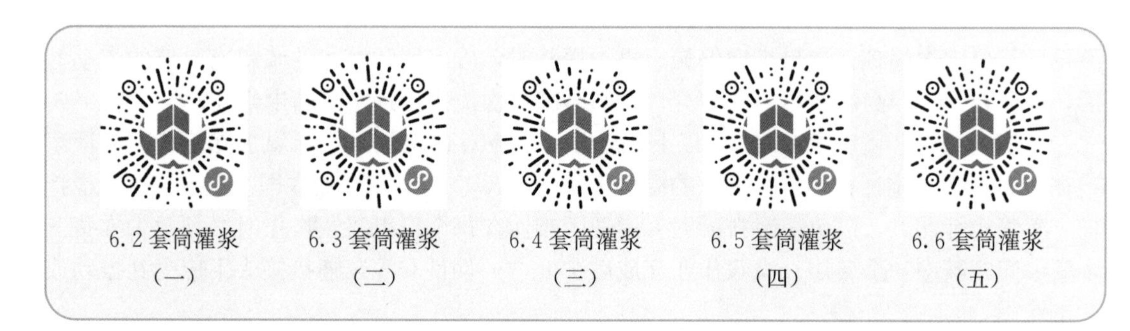

6.2 套筒灌浆（一） 6.3 套筒灌浆（二） 6.4 套筒灌浆（三） 6.5 套筒灌浆（四） 6.6 套筒灌浆（五）

（五）装配式混凝土结构后浇混凝土的施工

装配式混凝土结构竖向构件安装完成后，应及时穿插进行边缘构件后浇混凝土带的钢筋安装和模板施工，并完成后浇混凝土施工。

1. 钢筋连接

装配式混凝土结构的钢筋连接如果采用钢筋焊接连接，接头应符合《钢筋焊接及验收规程》JGJ 18—2012的有关规定；如果采用钢筋机械连接接头应符合《钢筋机械连接技术规程》JGJ 107—2016的有关规定，机械连接接头部位的混凝土保护层厚度宜符合《混凝土结构设计规范（2015年版）》GB 50010—2010中受力钢筋的混凝土保护层最小厚度的规定，且不得小于15mm，接头之间的横向净距不宜小于25mm；当钢筋采用弯钩或机械锚固措施时，钢筋锚固端的锚固长度应符合《混凝土结构设计规范（2015年版）》GB 50010—2010的有关规定；采用钢筋锚固板时，应符合《钢筋锚固板应用技术规程》JGJ 256—2011的有关规定。

2. 钢筋定位

装配式混凝土结构后浇混凝土内的连接钢筋应埋设准确，连接与锚固方式应符合设计和现行有关技术标准的规定。

构件连接处钢筋位置应符合设计要求。当设计无具体要求时，应保证主要受力构件中主要受力方向的钢筋位置，并应符合下列规定：

（1）框架节点处，梁纵向受力钢筋宜插于柱纵向钢筋内侧当主、次梁底部标高相同时，次梁下部钢筋应放在主梁下部钢筋之上；

（2）剪力墙中水平分布钢筋宜置于竖向钢筋外侧，并在墙端弯折锚固。

钢筋套筒灌浆连接接头的预留钢筋应采用专用模具进行定位，并应符合下列规定：

（1）定位筋中心位置存在细微偏差时，宜采用钢套管方式进行细微调整；

（2）定位钢筋中心位置存在严重偏差影响预制构件安装时，应按设计单位确认的技术方案处理；

（3）应采用可靠的绑扎措施对连接钢筋的外露长度进行控制。

预制构件的外露钢筋应防止弯曲变形，并在预制构件吊装完成后，对其位置进行校核调整。

3. 钢筋安装

预制墙板连接部位宜先校正水平连接钢筋，后安装箍筋套，待墙体竖向钢筋连接完成后绑扎箍筋，连接部位加密区的箍筋宜采用封闭箍筋；预制梁柱节点区的钢筋安装时，节点区柱箍筋应预先安装于预制柱钢筋上，随预制柱一同安装就位；预制叠合梁采用封闭箍筋时，预制梁上部纵筋应预先穿入箍筋内临时固定，并随预制梁一同安装就位。预制叠合梁采用开口箍筋时，预制梁上部纵筋可在现场安装。

4. 装配式混凝土结构后浇混凝土节点间的钢筋安装需要注意的问题

（1）装配式混凝土结构后浇混凝土节点间的钢筋安装做法受操作顺序和空间的限制与常规做法有很大的不同，必须在符合相关规范要求的前提下顺应装配式混凝土结构的要求。

（2）装配式混凝土结构预制墙板间竖缝（墙板间后浇混凝土带）的钢筋安装做法按《装配式混凝土结构技术规程》JGJ 1—2014 要求“……约束边缘构件……宜全部采用后浇混凝土，并且应在后浇段内设置封闭箍筋”；按国家建筑标准设计图集《装配式混凝土结构连接节点构造》G310—1～2 中墙板预制墙板间构件竖缝有附加连接钢筋的做法。预制墙板间边缘构件竖缝后浇混凝土带内的模板安装墙板间后浇混凝土带连接时宜采用工具式定型模板支撑，并应符合下列规定：

1）定型模板应通过螺栓（预置内螺母）或预留孔洞拉结的方式与预制构件可靠连接。

2）定型模板安装应避免遮挡预制墙板下部灌浆预留孔洞。

3）夹心墙板的外叶板应采用螺栓拉结或夹板等加强固定。

4）墙板接缝部位及与定型模板连接处均应采取可靠的密封、防漏浆措施。

采用预制保温作为免拆除外墙模板（PCF）进行支模时，预制外墙模板的尺寸参数及与相邻外墙板之间拼缝宽度应符合设计要求。安装时，与内侧模板或相邻构件应连接牢固并采取可靠的密封、防漏浆措施。

5. 装配式混凝土结构后浇混凝土带的浇筑

对于装配式混凝土结构的墙板间边缘构件竖缝后浇混凝土带的浇筑，应该与水平构件的混凝土叠合层以及按设计非预制而必须现浇的结构（如作为核心筒的电梯井、楼梯间）同步进行，一般选择一个单元作为一个施工段，先竖向、后水平的顺序浇筑施工。这样的施工安排就用后浇混凝土将竖向和水平预制构件构成了一个整体。

后浇混凝土浇筑前，应进行所有隐蔽项目的现场检查与验收。浇筑混凝土过程中应按规定见证取样留置混凝土试件。同一配合比的混凝土，每工作班且建筑面积不超过 $1000m^3$ 应制作一组标准养护试件，同一楼层应制作不少于 3 组标准养护试件。

图 6.1.8　装配式混凝土结构后浇混凝土浇筑前浇水湿润

混凝土应采用预拌混凝土，预拌混凝土应符合现行相关标准的规定；装配式混凝土结构施工中的结合部位或接缝处混凝土的工作性能应符合设计施工规定；当采用自密实混凝土时，应符合现行相关标准的规定。

预制构件连接节点和连接接缝部位后浇

混凝土施工应符合下列规定：

（1）浇筑前，应清洁结合部位，并洒水润湿（图 6.1.8）；

（2）连接接缝混凝土应连续浇筑，竖向连接接缝可逐层浇筑，混凝土分层浇筑高度应符合现行规范要求；

（3）浇筑时，应采取保证混凝土浇筑密实的措施；

（4）同一连接接缝的混凝土应连续浇筑，并应在底层混凝土初凝之前将上一层混凝土浇筑完毕；

（5）预制构件连接节点和连接接缝部位的混凝土应加密振捣，并适当延长振捣时间；

（6）预制构件连接处混凝土浇筑和振捣时，应对模板和支架进行观察及维护，发生异常情况应及时进行处理；

（7）构件接缝处混凝土浇筑和振捣时，应采取措施防止模板、相连接构件、钢筋、预埋件及其定位件的移位。

混凝土浇筑完毕后，应按施工技术方案要求及时采取有效的养护措施，并应符合下列规定：

（1）应在浇筑完毕后的 12h 以内对混凝土加以覆盖并养护；

（2）浇水次数应能保持混凝土处于湿润状态；

（3）采用塑料薄膜覆盖养护的混凝土，其敞露的全部表面应覆盖严密，并应保持塑料薄膜内有凝结水；

（4）后浇混凝土的养护时间不应少于 14d。

喷涂混凝土养护剂是混凝土养护的一种新工艺，混凝土养护剂是高分子材料，喷涂在混凝土表面后固化，形成一层致密的薄膜，使混凝土表面与空气隔绝，大幅度降低水分从混凝土表面蒸发的损失。同时，可与混凝土浅层游离氢氧化钙作用，在渗透层内形成致密、坚硬表层，从而利用混凝土中自身的水分最大限度地完成水化作用，达到混凝土自养的目的。用养护剂的目的是保护混凝土，因为在混凝土硬化过程表面失水，混凝土会产生收缩，导致裂缝，称作塑性收缩裂缝；在混凝土终凝前，无法洒水养护，使用养护剂就是较好的选择。对于整体装配式混凝土结构竖向构件接缝处的后浇混凝土带，洒水保湿比较困难，采用养护剂保护是可行的选择。

模板与支撑拆除时的后浇混凝土强度要求详见表 6.1.1。

模板与支撑拆除时的后浇混凝土强度要求 表 6.1.1

构件类型	构件跨度(m)	达到设计混凝土强度等级值的百分率(%)
板	≤2	50
	>2,≤8	75
	>8	100
梁	≤8	75
	>8	>100
悬臂构件		100

混凝土冬期施工应按标准《混凝土结构工程施工规范》GB 50666—2011、《建筑工程冬期施工规程》JGJ/T 104—2011 的相关规定执行。

任务二　预制剪力墙安装

预制剪力墙分为预制剪力外墙板和预制剪力内墙板。预制剪力外墙板一般包含三个组成部分，从外向内依次是外页板、保温层、内页板（图6.2.1）；预制剪力内墙板是钢筋混凝土结构层。预制剪力外墙板和预制剪力内墙板的安装施工流程一致。预制剪力墙宜采用一字形，也可以采用L形、T形或U形。预制剪力墙是装配整体式剪力墙结构体系的主要受力构件，所以预制剪力墙的安装施工尤为重要。

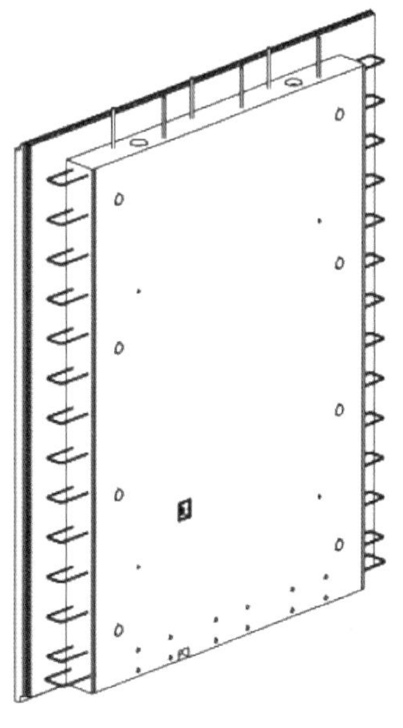

图6.2.1　预制剪力外墙板

预制剪力墙的安装顺序：

放线→钢筋调直→安装吊具→吊运→落位→安装斜撑→墙板校正→摘钩。

主要施工要点：

（1）提前弹出预制墙板墙身线和200mm控制线；根据水准仪的测量数据，在预制墙板吊装面位置下放置垫片并复核垫块标高。

（2）检查预留钢筋的位置，使用空心钢管对弯曲的钢筋进行调直；严禁对预留钢筋进行随意切割和强行调整。

（3）起吊前应核对构件编号，检查预留灌浆套筒是否有缺陷、杂物和油污，保证灌浆套筒完好。

（4）选择合适的吊具，吊索水平夹角不宜大于60°，且不应小于45°。起吊时应先将构件缓慢吊离地面，200～300mm后停止起吊，检查起重机的稳定性、制动装置的可靠性、构件的平衡性和绑扎的牢固性等，确认安全无误后，方可继续起吊。

（5）已吊起的构件，不能长久停滞在空中。吊装经过的区域下方须设置警戒区，施工人员应撤离，由信号司索工指挥。就位时，待构件下降至作业面1m左右高度时，施工人员方可靠近操作，以保证操作人员的安全。

（6）构件下降距楼面200～300mm时，略作停顿，施工人员摆正构件位置。平稳吊至安装位置上方80～100mm时，缓慢降低墙板位置，通过小镜子检查墙板下口套筒与连接钢筋位置是否对正，检查合格后，缓慢落钩，使墙板落至找平垫片上。

（7）墙板就位后，立即进行斜支撑的安装。安装斜支撑时先安装长斜撑再安装短斜撑，先紧固地面螺栓再紧固墙面螺栓。斜支撑的水平投影与墙板垂直，且不能影响其他墙板的安装。

（8）调整短支撑以调整墙板位置，调整长支撑以调整墙板的垂直度。在调整垂直度时同一构件上的斜支撑调节件应向同一方向旋转，以防构件受扭。根据标高调整墙板之间的横缝；根据墙板端线控制竖缝的宽度。

（9）斜撑安装完成且调整固定后，摘取吊钩，进行下一块剪力墙板的安装。

微课——预制剪力墙安装

6.7 预制剪力墙安装

6.8 外墙挂板安装

任务三　预制柱的安装

施工流程为：放线→安装吊具→吊运→落位→安装斜撑→校正→摘钩。

在预制柱的安装施工中要注意以下几点：

（1）安装前，首先检查预制柱尺寸规格，混凝土的强度是否符合设计和规范要求；检查柱上预留套管及预留钢筋是否满足图纸要求，检查套管内是否有杂物。

（2）吊装顺序宜按照角柱、边柱、中柱顺序进行，与现浇部分连接的宜先行吊装。

（3）根据预制柱平面各轴的控制线进行柱边线放样，在柱下安置垫片，以控制柱的安装标高；垫片放置于柱位靠中央侧约 0.25 倍的柱宽位置。

（4）绘制柱头梁位线。使用专用吊环和预制柱上预埋的接驳器连接。

（5）起吊时，以软性垫片置于预制柱起立着地点下，作为翻转时柱底与地面的隔离，用来防止构件起立时造成破损；吊离地面后停顿 15s，确认安全无误后，方可继续起吊。吊装经过的区域下方须设置警戒区，施工人员应撤离，由信号司索工指挥。就位时，待构件下降至作业面 1m 左右高度时，施工人员方可靠近操作，以保证操作人员的安全。

（6）平稳吊至安装位置上方 80～100mm 时，缓慢降低预制柱的位置，通过小镜子检查柱下口套筒与连接钢筋位置是否对正，检查合格后，缓慢落钩，使预制柱落至找平垫片上。

（7）以轴线和外轮廓线为控制线，用撬棍等工具对柱的根部就位进行确定。对于边柱和角柱应以外轮廓线控制为准。

（8）预制柱就位后，立即进行斜支撑的安装。每根柱至少需锁紧 3 组斜撑固定座。柱上的上部斜支撑，其支撑点至柱底的距离不宜小于柱身高度的 2/3，且不应小于柱身高度的 1/2。

（9）测量柱的垂直度，通过斜支撑调整预制柱的垂直度。柱的垂直方向、水平方向、标高均应校正达到规范规定及设计要求。

（10）预制柱的吊装应使用半自动脱钩吊具，减少作业人员爬上摘钩次数，而且在吊装过程中应实行协同作业，确保人员安全。

任务四　预制混凝土（包括叠合）水平受力构件安装

（一）预制混凝土叠合梁的安装施工

1. 叠合梁安装施工流程

叠合梁安装施工流程如下：

预制梁进场、验收→按图放线（梁搁柱头边线）→设置梁底支撑→预制梁起吊→预制就位安放梁→微调→接头连接。

2. 预制梁吊点位置、吊具索具使用

预制梁一般用两点吊，预制梁两个吊点分别位于梁顶两侧距离两端 0.2L（梁长）位置，由生产构件厂家预留。

现场吊装工具采用双腿锁具或扁担梁吊住预制梁两个吊点逐步移向拟定位置，人工通过预制梁顶绳索辅助梁就位。

图 6.4.1　叠合梁下部支撑

3. 预制梁就位

（1）用水平仪抄测出柱顶与梁底标高误差，然后在柱上弹出梁边控制线。

（2）在构件上标明每个构件所属的吊装顺序和编号，便于吊装操作工人辨认。

（3）梁底支撑采用钢立杆支撑＋可调顶托，可调顶托上铺设 100mm×100mm 方木，预制梁的标高通过支撑体系的顶丝来调节（图 6.4.1）。

（4）预制梁起吊。

预制梁起吊时，用双腿锁具或吊索钩住扁担梁的吊环，吊索应有足够的长度以保证吊索和梁之间的角度呈 60°（图 6.4.2）；当用扁担梁吊装梁时，吊索应有足够的长度以保证吊索和扁担梁之间的角度呈 60°（图 6.4.3）。

图 6.4.2　吊索吊装叠合梁

图 6.4.3　扁担梁吊装叠合梁

图 6.4.4　主梁和次梁连接

(5) 当预制梁初步就位后，两侧借助柱头上的梁定位线将梁精确校正，在调平同时将下部可调支撑上紧，这时方可松去吊钩。

(6) 主梁吊装结束后，根据柱上已放出的梁边和梁端控制线，检查主梁上的次梁缺口位置是否正确，如不正确，需做相应处理后方可吊装次梁，梁在吊装过程中要按柱对称吊装。

4. 预制梁接头连接 (图 6.4.4)

(1) 混凝土浇筑前应将预制梁两端键槽内的杂物清理干净，并提前 24h 浇水湿润。

(2) 预制梁两端键槽钢筋绑扎时，应确保钢筋位置的准确。

(3) 预制梁水平钢筋连接为机械连接、钢套筒灌浆连接或焊接连接。

(二) 预制混凝土叠合楼板的安装施工

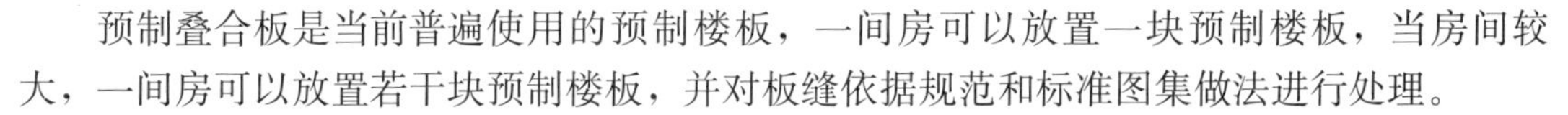

预制叠合板是当前普遍使用的预制楼板，一间房可以放置一块预制楼板，当房间较大，一间房可以放置若干块预制楼板，并对板缝依据规范和标准图集做法进行处理。

1. 叠合板吊装工艺流程

叠合板吊装工艺流程如下：

叠合板进场、验收→放线→搭设板底支撑→安装吊具→叠合板吊装→叠合板就位→叠合板微调→摘钩。

2. 叠合板吊点位置、吊具索具使用

叠合板的吊点位置应合理设置，吊点宜采用框架横担梁四点或八点吊，起吊就位应垂直平稳，多点起吊时吊索与板水平面所成夹角不宜大于 60°，不应小于 45° (图 6.4.5)。

图 6.4.5　叠合板吊装

3. 叠合板初步就位

(1) 进场验收

1) 进场验收主要检查资料及外观质量，防止在运输过程中发生损坏现象。

2) 叠合板进入工地现场，堆放场地应夯实平整，并应防止地面不均匀下沉。钢筋桁架板应按照不同型号、规格分类堆放。叠合板应采用板桁架筋朝上叠放的堆放方式，严禁倒置叠合板，各层板下部应设置垫木，垫木应上下对齐，不得脱空。堆放层数不应大于 6

层，并有稳固措施。

（2）在吊装完成的梁或墙上测量并弹出相应预制板四周的控制线，并在构件上标明每个构件所属的吊装顺序和编号，便于吊装操作工人辨认。

（3）在叠合板两端部位设置临时可调节支撑杆，叠合板的支撑设置应符合以下要求：

1）支撑架体应具有足够的承载能力、刚度和稳定性，应能可靠地承受混凝土构件的自重和施工过程中所产生的荷载及风荷载，支撑立杆下方应铺 50mm 厚木板。

2）确保支撑系统的间距及距离墙、柱、梁边的净距符合系统验算要求，上下层支撑应在同一直线上。

（4）在可调节顶撑上架设木方，调节木方顶面至板底设计标高，开始吊装叠合板。叠合板支撑如图 6.4.6 所示。

（5）吊装应按顺序连续进行，板吊至上方 30～60mm 后，调整板位置使锚固筋与梁箍筋错开便于就位，板边线基本与控制线吻合。将叠合板坐落在木方顶面，及时检查板底与预制叠合梁或剪力墙的接缝是否到位，叠合板钢筋伸入墙长度是否符合要求，直至吊装完成（图 6.4.7）。

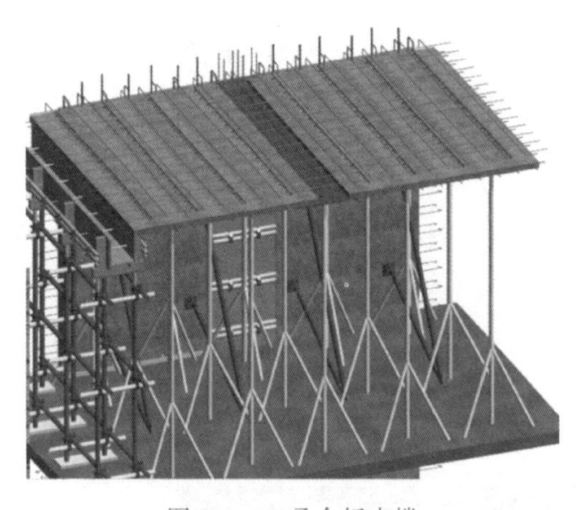

图 6.4.6　叠合板支撑

图 6.4.7　叠合板吊装安装

安装叠合板时，其搁置长度应满足设计要求。叠合板与梁或墙间宜设置不大于 20mm 垫片。实心平板侧边的拼缝构造形式可采用直平边、双齿边、斜平边、部分斜平边等。实心平板端部伸出的纵向受力钢筋即胡子筋，当胡子筋影响钢筋桁架板铺板施工时，可在一端不预留胡子筋，并在不预留胡子筋一端的实心平板上方设置端部连接钢筋代替胡子筋，端部连接钢筋应沿板端交错布置，端部连接钢筋支座锚固长度不应小于 108mm、深入板内长度不应小于 150mm。

图 6.4.8　叠合板线管布置

当一跨板吊装结束后，要根据板四周边线及板柱上弹出的标高控制线对板标高及位置进行精确调整，误差控制在 2mm 以内。

4. 预埋管线布置

预埋管线可布置在板肋间，并且可以从肋上预留孔中穿过，不能从板肋上跨过；当预留管线孔与板肋有冲突时，板肋损坏不能超过 400mm。叠合板管线布置如图 6.4.8 所示。

5. 浇筑叠合层混凝土（图 6.4.9）

图 6.4.9　叠合层混凝土浇筑

叠合层混凝土的浇筑必须满足《混凝土结构工程施工质量验收规范》GB 50204—2015 中相关规定的要求；浇筑混凝土过程应该按规定见证取样留置混凝土试件。

浇筑混凝土前用塑料管和胶带缠住灌浆套筒预留钢筋，防止预留钢筋粘上混凝土，影响后续灌浆连接的强度和粘结性；同时，必须将板表面清扫干净并浇水充分湿润，但板面不能有积水。

叠合板混凝土浇筑时，为了保证叠合板及支撑受力均匀，混凝土浇筑采取从中间向两边浇筑，连续施工，一次完成。同时，使用平板振动器振捣，确保混凝土振捣密实。根据楼板标高控制线控制板厚；浇筑时，采用 2m 刮杠将混凝土刮平，随即进行混凝土收面及收面后的拉毛处理；浇筑完成后，按相关施工规范规定对混凝土进行养护。

（三）混凝土预制楼梯安装施工

（1）混凝土预制楼梯安装施工流程如下：

预制楼梯进场、验收→放线→预制楼梯吊装→预制楼梯安装就位→预制楼梯微调定位→吊具拆除。

楼梯间周边梁板叠合层混凝土浇筑完工后，测量并弹出相应楼梯构件端部和侧边的控制线。

图 6.4.10　预制楼梯四点吊装

（2）吊点位置、吊具索具使用：

预制楼梯一般采用四点吊（图 6.4.10），配合捯链下落就位调整索具铁链长度，使楼梯段休息平台处于水平位置，试吊预制楼梯板，检查吊点位置是否准确，吊索受力是否均匀等；预制楼梯试起吊高度不应超过 1m。

（3）预制楼梯就位：

1）预制楼梯吊至梁上方 300～500mm 后，调整预制楼梯位置使上下平台锚固筋与梁、箍筋错开，板边线基本与控制线吻合。

2）根据已放出的楼梯控制线，将构件根据控制线精确就位，先保证楼梯两侧准确就位，再使用水平尺和捯链调节楼梯水平。

（4）吊装就位后，重点检查板缝宽度及板底拼缝高差，若高差较大，必须调节顶托使高低差在允许范围以内。调节竖向支撑的立杆，确保所有立杆全部受力。

（5）检查牢固后，方可摘取吊钩，进行下一个梯段的安装。

（6）铰接连接安装：楼梯段校正完毕后，用钢管将梯段上口预留孔与休息平台预留孔进行连接，如图 6.4.11 所示。钢管外径略小于孔洞口径即可。

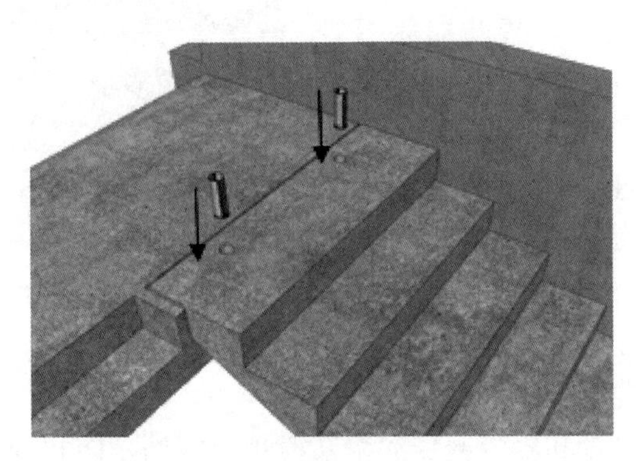

图 6.4.11　预制楼梯连接安装

（7）楼梯安装完成后，应及时将踏步面加以保护，避免施工导致踏步破损。

任务五 预制混凝土外挂墙板的安装与封缝打胶

（一）预制混凝土外挂墙板施工

1. 预制外挂墙板的特点

预制外挂墙板是安装在主体结构（一般为钢筋混凝土框架结构、框-剪结构、钢结构）上起围护、装饰作用的非承重预制混凝土外墙板，按照装配式结构的装配程序分类应该属于“后安装法”。

预制外挂墙板与主体结构的连接采用柔性连接构造，主要有点支撑和线支撑两种安装方式；按照装配式结构的装配工艺分类，应该属于“干作法”。

根据以上外挂墙板的特点，首先必须重视外挂节点的安装质量保证其可靠性；对于外挂墙板之间必须有的构造“缝隙”，必须进行填缝处理和打胶密封。

2. 外墙挂板的施工流程

外墙挂板的施工工艺流程为：放线→安装吊具→吊运→落位→固定→墙板校正→摘钩。

3. 外挂墙板施工前准备

（1）外挂墙板安装前应该编制安装方案，确定外挂墙板水平运输、垂直运输的吊装方式，进行设备选型及安装调试。

（2）主体结构预埋件应在主体结构施工时按设计要求埋设；外挂墙板安装前应在施工单位对主体结构和预埋件验收合格的基础上进行复测，对存在的问题应与施工、监理、设计单位进行协调解决。主体结构及预埋件施工偏差应符合《混凝土结构工程施工质量验收规范》GB 50204—2015 的规定，垂直方向和水平方向最大施工偏差应该满足设计要求。

（3）外挂墙板在进场前应进行检查验收，不合格的构件不得安装使用，安装用连接配套材料应进行现场报验，复试合格后方可使用。

（4）外挂墙板的现场存放应该按安装顺序排列并采取保护措施。

（5）外挂墙板安装人员应提前进行安装技能和安装培训工作，安装前施工管理人员做好技术交底和安全交底。施工安装人员应充分理解安装技术要求和质量检验标准。

4. 外挂墙板的安装与固定

（1）外挂墙板正式安装前要根据施工方案要求进行试安装，经过试安装并验收合格后可进行正式安装。

（2）外挂墙板应该按顺序分层或分段吊装，吊装应采用慢起、稳升、缓放的操作方式，应系好缆风绳控制构件转动；吊装过程中应保持稳定，不得偏斜、摇摆和扭转。应采取保证构件稳定的临时固定措施，外挂墙板的校核与偏差调整应按以下要求：

1）预制外挂墙板侧面中线及板面垂直度的校核，应以中线为主调整。

2）预制外挂墙板上下校正时，应以竖缝为主调整。

3）墙板接缝应以满足外墙面平整为主，内墙面不平或翘曲时，可在内装饰或内保温层内调整。

4）预制外挂墙板山墙阳角与相邻板的校正，以阳角为基准调整。

5）预制外挂墙板拼缝平整的校核，应以楼地面水平线为准调整。

（3）外挂墙板安装就位后应对连接节点进行检查验收，隐藏在墙内的连接节点必须在施工过程中及时做好隐检记录。

（4）外挂墙板均为独立自承重构件，应保证板缝四周为弹性密封构造，安装时，严禁在板缝中放置硬质垫块，避免外挂墙板通过垫块传力造成节点连接破坏。

（5）节点连接处露明铁件均应做防腐处理，对于焊接处镀锌层破坏部位必须涂刷三道防腐涂料，有防火要求的铁件应采用防火涂料喷涂处理。

（6）外挂墙板安装质量的尺寸允许偏差检查，应符合规范要求。

在外墙挂板的安装施工中要注意以下几点：

1）预制外挂墙板安装前应在墙板内侧弹出竖向与水平线，安装时应与楼层上该墙板控制线相对应。根据水准仪的测量数据，在预制外墙板吊装面位置下放置垫片并复核垫块标高。

2）选择合适的吊具，检查吊钩与吊钉连接是否稳固，检查吊钉周围是否有蜂窝、麻面、开裂等影响吊钉受力的质量缺陷。预制构件应严格按照编号顺序起吊；吊装应采用慢起、稳升、缓放的操作方式。

3）构件在空中吊运时，防坠隔离区内不得有施工人员；防坠隔离区为建筑物外边线向外延伸 6m。

4）起吊时应先将构件缓慢吊离地面，200～300mm 后停止起吊，检查起重机的稳定性、制动装置的可靠性、构件的平衡性和绑扎的牢固性等，确认安全无误后，方可继续起吊。已吊起的构件，不能长久停滞在空中。

5）构件下降距楼面 200～300mm 时，略作停顿，施工人员摆正构件位置。平稳吊至安装位置上方 80～100mm 时，构件缓慢落位，注意检查构件是否对齐边线及端线。

6）墙板就位后，立即进行斜支撑的安装。调整短支撑以调整墙板位置，调整长支撑以调整墙板的垂直度。

7）预制构件吊装到位后，应立即进行下部螺栓固定，并做好防腐防锈处理。上部预留钢筋与叠合板钢筋或框架梁预埋件焊接。

8）斜撑安装完成且调整固定后，摘取吊钩。严禁人员踩扶外墙挂板取钩。摘钩后进行下一块墙板的吊装工作。

（二）预制混凝土外挂墙板板缝的防水处理

装配整体式混凝土结构由于采用大量现场拼装的构配件会留下较多的拼装接缝，这些接缝很容易成为水流渗透的通道，从而对外墙防水提出了很高的要求。

装配式结构外墙接缝防水主要分为两种形式，一种是靠设计进行构造防水，一种是进行材料防水，从而达到防止出现外墙渗漏的问题。

其中材料防水形式运用最多的一种形式打胶封缝防水。这种外墙板接缝防水形式是目前运用最多的一种形式，它的优点是施工比较简易、速度快；缺点是防水质量难以控制，空腔堵塞情况时有发生，一旦内侧混凝土发生开裂直接导致墙板防水失败。下面以此种防水形式为例说明施工工艺。

1. 材料要求

外墙接缝材料防水密封对密封材料的性能有一定要求。用于板缝材料防水的合成高分子材料，主要品种有硅酮密封膏、聚硫建筑密封膏、丙烯酸酯建筑密封膏、聚氨酯建筑密封膏等几种。主要性能要求如下：

（1）较强粘结性能：与基层粘结牢固，使构件接缝形成连续防水层。同时要求密封膏用于竖缝部位时不下垂，用于平缝时能够自流平。

（2）良好的弹塑性：由于外界环境因素的影响，外墙接缝会随之发生变化，这就要求防水密封材料必须有良好的弹塑性，以适应外力的条件而不发生断裂、脱落等。

（3）较强的耐老化性能：外墙接缝材料要承受暴晒、风雪及空气中酸碱的侵蚀。这就要求密封材料有良好的耐候性、耐腐蚀性。

（4）施工性能：要求密封胶有一定的储存稳定性，在一定期内不应发生固化，便于施工。

（5）装饰性能：防水密封材料还应具有一定的色彩，达到与建筑外装饰的一致性。

2. 施工准备

（1）主要材料：密封膏、聚乙烯泡沫板、橡胶棒、泡沫条等。

（2）主要机具：胶枪、毛刷、抹光机等，清理工具如图 6.5.1 所示。

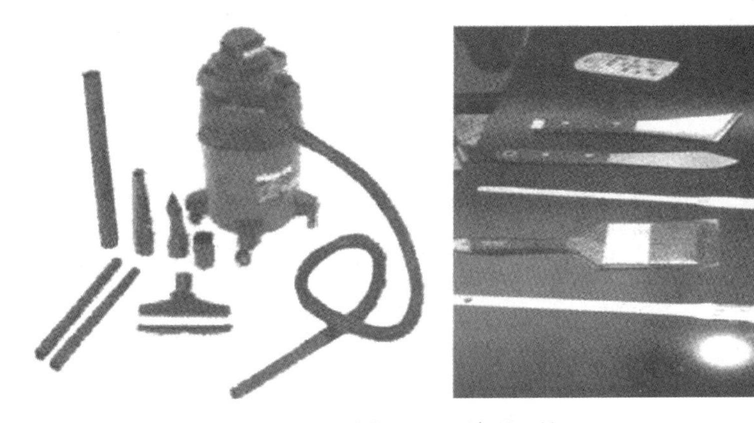

图 6.5.1　清理工具

3. 施工工序

水平、竖向缝基层清理→缝宽调整→A 级不燃岩棉填充→发泡聚乙烯塑料棒填塞施工→密封胶施工。

（1）水平、竖向缝基层清理：

1）用人工将外墙水平、竖向缝内的海绵胶条清除。

2）用长毛刷将缝内的垃圾清扫干净，或者真空吸尘器清洁基材表面上由于打磨而残留的灰尘、杂质等，从而得到一个干净、干燥和结构均一的基面（图 6.5.2）。缝宽调整：将外墙水平、竖向缝分别用水准仪、经纬仪将水平控制线（水平缝的上部 20cm）及竖向控制线（每条竖向缝的一侧 20cm）打出，并弹线。用角磨机将缝宽小于 2cm 的缝隙切割至 2cm，缝宽大于 2cm 的，用角磨机将墙板边缘打磨平整并清理干净，如图 6.5.3 所示。

图 6.5.2　基层清理

图 6.5.3　边缘打磨

（2）A 级不燃岩棉填充：外墙水平、竖向缝内保温材料的接缝处，先塞入 A 级不燃保温材料岩棉，岩棉填充要求密实。

（3）发泡聚乙烯塑料棒填塞施工：填塞材料为发泡聚乙烯塑料棒，胶棒应通长，需要搭接处应呈 45°搭接，用胶粘接牢固。填塞聚乙烯塑料棒，要求聚乙烯塑料棒距外墙八字角内侧 1cm，填塞材料安置完毕之后，用美纹纸胶带遮盖接缝边缘。缝宽大于 2cm 的塞入比同等缝宽大于 1cm 的发泡聚乙烯塑料棒。发泡聚乙烯塑料棒施工如图 6.5.4 所示。

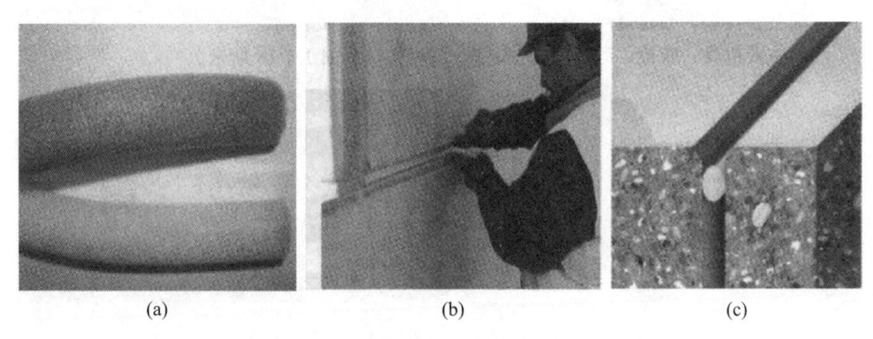
(a)　(b)　(c)

图 6.5.4　发泡聚乙烯塑料棒施工
（a）填缝材料；（b）放置填充材料；（c）填充物施工完毕

（4）填塞材料放置完毕后，接缝四周边缘贴上美纹胶带（美纹胶带宽度为 2cm）；根据填缝的宽度，45°角切割胶嘴至合适的口径。将密封胶置入胶枪中，尽量将胶嘴探到接缝底部，保持合适的速度，连续打足够的密封胶，避免胶体和胶条下产生空腔；并确保密封胶与粘接面结合良好，保证设计好的宽深比；当接缝大于 30mm 时，宜采用二次填缝。二次填缝，即第一次填充的密封胶完毕后，再进行第二次填充；为保证施工质量，竖缝打胶到板缝十字交叉处，打水平缝两边各 30cm，再继续打竖向缝。

（5）密封胶施工完成后，用压舌棒或其他工具将接缝外多出的密封胶刮平压实，使密封胶与粘接面充分接触。修整胶面的过程可使密封胶与接缝边缘和聚氨酯塑料棒结合得紧密，并且能避免气泡和空腔的产生；禁止来回反复刮胶动作，保持刮胶工具干净；密封胶应与墙板牢固粘结，不得漏嵌和虚粘，如图 6.5.5 所示。

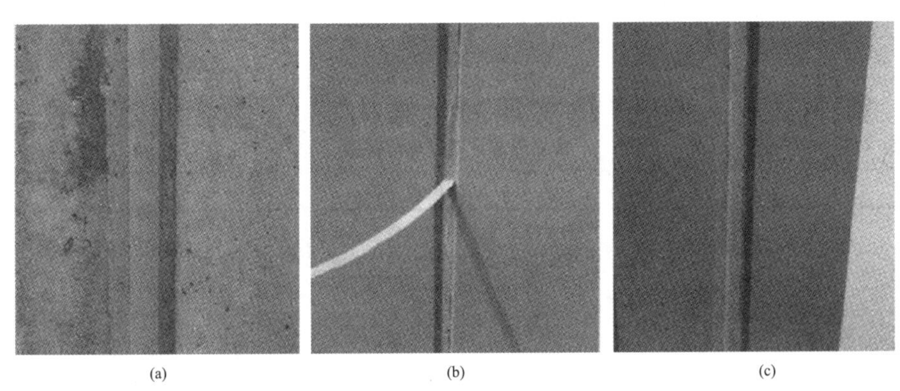

图 6.5.5　密封胶施工

（a）密封胶施工；（b）密封胶压实；（c）缝隙施工效果

（6）施工时注胶缝应均匀，横、竖缝顺直、饱满、密实，十字接缝处理干净、利落，八字清晰，表面应光滑，不应有裂缝现象。待密封胶充分凝固后撕去保护胶带。

注意事项：

1）预制外墙板连接接缝防水节点基层及空腔排水构造做法符合设计要求。

2）板缝防水施工人员应经过培训合格后上岗，具备专业打胶资格和防水施工经验。

3）预制外墙板外侧水平、竖直接缝的防水密封胶封堵前，侧壁应清理干净，保持平整。

微课——封缝打胶

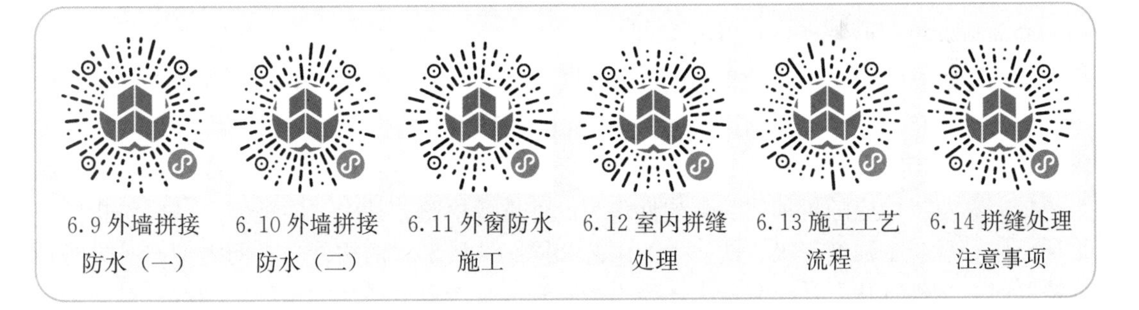

任务六　施工质量检查与验收

（一）构件结构检查

1. 结构性能检验

预制混凝土构件应根据设计和规范要求，按照下列规定进行结构性能检验：

（1）预制混凝土构件和允许出现裂缝的预应力混凝土构件进行承载力、挠度和裂缝宽度检验。

（2）对不允许出现裂缝的预应力混凝土构件进行承载力、挠度和抗裂检验。

（3）预应力混凝土构件中的非预应力杆件按钢筋混凝土构件的要求进行检验。

（4）对设计成熟、生产数量较少的大型构件，当采取加强材料和制作质量检验的措施时，可仅做挠度、抗裂或裂缝宽度检验；当采取上述措施并有可靠的实践经验时，可不做结构性能检验。

（5）加强材料和制作质量检验的措施包括下列内容：

1）钢筋进场检验合格后，在使用前对用作构件受力主筋的同批钢筋按不超过 5t 抽取一组试件，并经检验合格；对经逐盘检验的预应力钢筋，可不再抽样检查。

2）受力主筋焊接接头的力学性能，应按《钢筋焊接及验收规程》JGJ 18—2012 检验合格后，再抽取一组试件，并经检验合格。

3）混凝土按 $5m^3$ 且不超过半个工作班生产的相同配合比的混凝土，留置一组试件，并经检验合格。

4）受力主筋焊接接头的外观质量，入模后的主筋保护层厚度、张拉预应力总值和构件的截面尺寸等，应逐件检验合格。

检验要求：对成批生产的构件，应按同一工艺正常生产的不超过 1000 件且不超过 3 个月的同类型产品为一批。当连续检验 10 批且每批的结构性能检验结果均符合规定的要求时，对同一工艺正常生产的构件，可改为不超过 2000 件且不超过 3 个月的同类型产品为一批。在每批中应随机抽取一个构件作为试件进行检验。其中“同类型产品”是指同一钢种、同一混凝土强度等级、同一生产工艺和同一结构形式的构件。对同类型产品进行抽样检验时，试件宜从设计荷载最大，受力最不利或生产数量最多的构件中抽取。对同类型的其他产品，也应定期进行抽样检验。

预制混凝土构件结构性能检验结果应按照《混凝土结构工程施工质量验收规范》GB 50204—2015 进行评定。

预制混凝土构件混凝土强度应按《混凝土强度检验评定标准》GB/T 50107—2010 的规定分批检验评定。

2. 预制构件质量标准

（1）主控项目

主控项目内容及验收应符合表 6.6.1 的要求。

（2）一般项目

一般项目内容及验收应符合表 6.6.2 要求。

主控项目内容及验收要求 表 6.6.1

项目内容	验收要求	验收方法
构件标志和预埋件等	预制构件应在明显部位标明生产单位、构件型号、生产日期和质量验收标准。构件上的预埋件、插筋和预留孔洞的规格、位置和数量应符合标准图或设计的要求	检查数量:全数检查 检验方法:观察
外观质量严重缺陷处理	预制构件的外观不应有严重缺陷。对已经出现的严重缺陷,应按技术处理方案进行处理,并重新检查验收	检查数量:全数检查 检验方法:观察,检查技术处理方案
过大尺寸偏差处理	预制构件不应有影响结构性能和安装、使用功能的尺寸偏差。对超过尺寸允许偏差且影响结构性能和安装、使用功能的部位,应按技术处理方案进行处理,并重新检查验收	检查数量:全数检查 检验方法:测量,检查技术处理方案

一般项目内容及验收要求 表 6.6.2

项目内容	验收要求	验收方法
外观质量一般缺陷处理	预制构件的外观质量不宜有一般缺陷。对已经出现的一般缺陷,应按技术处理方案进行处理,并重新检查验收	检查数量:全数检查 检验方法:观察,检查技术处理方案
预制构件尺寸允许偏差	预制构件的尺寸允许偏差应符合模块三的规定	检查数量:同一工作班生产的同类型构件,抽查 5%且不少于 3 件

3. 外观与尺寸检验

(1) 构件上预留钢筋、连接套管、预埋件和预留孔洞的规格、数量应符合设计要求,位置偏差应满足模块三的规定。严格对照构件制作图和变更图进行观察、测量。

(2) 预制混凝土构件外观质量不宜有一般缺陷,外观质量应符合模块三的规定,对于已经出现的一般缺陷,应按技术处理方案进行处理,并重新检查验收。

(3) 预制混凝土构件外形尺寸允许偏差应符合模块三的规定。同一工作班生产的同类型构件,经全数自检、互检合格后,专检抽检不应少于 30%,且不少于 5 件。采用钢尺、靠尺、调平尺、保护层厚度测定仪检查。

4. 装配整体式混凝土结构施工质量标准

(1) 主控项目

主控项目应符合《混凝土结构工程施工质量验收规范》GB 50204—2015 第 9 章相关条款。

(2) 一般项目

一般项目应符合《混凝土结构工程施工质量验收规范》GB 50204—2015 第 9 章相关条款。

(二) 构件就位检验

构件吊装定位后应分别针对构件放置与轴线位置偏差,构件标高、垂直度、倾斜度、搁置长度进行检查,还要对支座、支垫位置和相邻墙板接缝进行检查,具体检查方法和允许偏差数值见表 6.6.3,但存在个别超过允许偏差两倍以上构件需返工重做。

构件就位检验表　　表 6.6.3

<table>
<tr><th colspan="3">项目</th><th>允许偏差(mm)</th><th>检验方法</th></tr>
<tr><td rowspan="2">构件轴线位置</td><td colspan="2">竖向构件(柱、墙板、桁架)</td><td>8</td><td rowspan="2">经纬仪及尺量检查</td></tr>
<tr><td colspan="2">水平构件(梁、板)</td><td>5</td></tr>
<tr><td>构件标高</td><td colspan="2">梁、柱、墙板、楼板底面或顶面</td><td>±5</td><td>水准仪或尺量检查</td></tr>
<tr><td rowspan="2">构件垂直度</td><td rowspan="2">柱、墙板安装后的高度</td><td>≤6m</td><td>5</td><td rowspan="2">经纬仪或吊线、尺量</td></tr>
<tr><td>>6m</td><td>10</td></tr>
<tr><td>构件倾斜度</td><td colspan="2">梁、桁架</td><td>5</td><td>垂线、钢尺检查</td></tr>
<tr><td rowspan="4">相邻构件平整度</td><td rowspan="2">梁、楼板底面</td><td>外露</td><td>3</td><td rowspan="4">2m 靠尺和塞尺量测</td></tr>
<tr><td>不外露</td><td>5</td></tr>
<tr><td rowspan="2">柱、墙板</td><td>外露</td><td>5</td></tr>
<tr><td>不外露</td><td>8</td></tr>
<tr><td>构件搁置长度</td><td colspan="2">梁、板</td><td>±10</td><td>尺量检查</td></tr>
<tr><td>支座、支垫中心位置</td><td colspan="2">板、梁、柱、墙板、桁架</td><td>10</td><td>尺量检查</td></tr>
<tr><td colspan="3">接缝宽度</td><td>±5</td><td>尺量检查</td></tr>
</table>

（三）灌浆及连接检验

1. 灌浆料拌合

(1) 按使用说明书的要求计量灌浆料和水的用量，拌合用水应符合《混凝土用水标准》JGJ 63—2006 的有关规定。

(2) 采用电动设备搅拌充分、均匀，宜静置 2min 后使用。

(3) 每工作班应检查灌浆料拌合物初始流动度不少于一次，指标应符合初始流动度不小于 300mm，30min 后不小于 260mm。

2. 竖向钢筋的灌浆操作

(1) 灌浆操作在专职检验人员旁站监督下及时形成施工质量检查记录。

(2) 环境温度应符合灌浆料产品使用说明书要求；环境温度低于 5℃时不宜施工。

(3) 竖向构件宜用连通腔灌浆，对墙类构件，分段实施。

(4) 竖向构件灌浆作业采用压浆法，即从灌浆套筒下灌浆孔灌注，当浆料从构件其他灌浆孔、出浆孔流出后应及时封堵。

(5) 灌浆料应在加水后 30min 内用完。

(6) 散落的灌浆料拌合物不得二次使用，剩余的拌合物不得再次添加灌浆料、水后混合使用。

(7) 当在大气温度较低的情况下灌浆时，采取加热保温措施，使结构构件灌浆套筒内的温度达到产品使用说明书要求。

(8) 压浆法灌浆有机械、手工两种常用方式。机械灌浆的灌浆压力、灌浆速度可根据现场施工条件确定。

(9) 当灌浆施工出现无法出浆的情况时，要查明原因并及时采取措施。具备条件时，可将构件吊起后冲洗灌浆套筒后重新安装、灌浆。

（10）对于未密实饱满的灌浆套筒采取可靠措施从灌浆孔或出浆孔补灌。当需要补灌时，对于灌浆套筒完全没有充满的情况，应首选在灌浆孔补灌。

（11）灌浆料强度达到规定强度，按照专职技术负责人的指令拆除预制构件的临时支撑，进行上部结构吊装与施工。

3. 水平钢筋的灌浆操作

预制构件的钢筋连接宜采用全灌浆套筒，非预制构件的钢筋连接可采用全灌浆套筒或半灌浆套筒。

（1）施工前连接钢筋、灌浆套筒应满足以下要求：

1）检查连接钢筋的外表面应标记插入灌浆套筒最小长度的标志，标志位置应准确、颜色应清晰；

2）在与既有混凝土结构相接的现浇结构中，检查连接钢筋或灌浆套筒上保证连接钢筋同轴的装置或相关措施；

3）检查灌浆套筒与钢筋之间防止灌浆料从套筒和钢筋的间隙泄漏的措施。

（2）灌浆施工应满足以下要求：

1）检查筒的灌浆、出浆孔是否在套筒水平轴正上方±45°的范围内；

2）灌浆料拌合物从套筒一端的灌浆孔注入，从另一端出浆孔流出后，方可停止灌浆；

3）停止灌浆后，应观察半分钟，套筒灌浆、出浆孔内的灌浆料拌合物均需高于套筒外表面最高位置；

4）停止灌浆后，如发现灌浆料拌合物下降，检查套筒的密封胶或灌浆料拌合物排气情况，并采取相应措施。如灌浆料拌合物已低于套筒外表面的最高位置时，应及时联系专职技术负责人采取有效的补救措施。

（四）接缝防水处理检验

1. 预制外墙接缝防水的主要形式

（1）外侧排水空腔及打胶，内侧由现浇部分混凝土自防水的形式。

（2）封闭式线防水：最外侧采用高弹力的耐候防水硅胶，中间部分为物理空腔形成的减压空间，内侧使用预嵌在混凝土中的防水橡胶条上下互相压紧来起到防水效果，在墙面之间的十字接头处在橡胶止水带之外再增加一道聚氨酯防水，每隔3层左右的距离在外墙防水硅胶上设一处排水管，可有效地将渗入减压空间的雨水引导到室外。

（3）开放式线防水：开放式线防水不采用打胶的形式，而是采用一端预埋在墙板内，另一端伸出墙板外的幕帘状橡胶条上下相互搭接来起到防水作用。

2. 预制外墙板接缝防水处理的检验要点

墙板施工前应做好产品的质量检查：

预制墙板的加工精度和混凝土养护质量直接影响墙板的安装精度和防水情况，墙板安装前复核墙板的几何尺寸和平整度情况，检查墙板表面以及预埋窗框周围的混凝土是否密实，是否存在贯通裂缝，混凝土质量不合格的墙板严禁使用。

检查墙板周边的预埋橡胶条的安装质量，检查橡胶条是否预嵌牢固，转角部位是否有破损的情况，是否有混凝土浆液漏进橡胶条内部造成橡胶条变硬失去弹性，橡胶条必须严格检查确保无瑕疵，有质量问题必须更换后方可进行吊装。

墙板接缝防水施工质量检查：

（1）基底层和预留空腔内必须使用高压空气清理干净。

打胶前背衬深度要认真检查，打胶厚度必须符合设计要求，打胶部位的墙板要用底涂处理增强胶与混凝土墙板之间的粘结力，打胶中断时要留好施工缝，施工缝内高外低，互相搭接不能少于5cm。

（2）墙板内侧的连接铁件和十字接缝部位使用聚氨酯密封胶处理，由于铁件部位没有橡胶止水条，施工聚氨酯密封胶前要认真做好铁件的除锈和防锈工作，施工完毕后进行淋水试验确保无渗漏。

（3）接缝防水施工并检验合格后，密封盖板。

3. 接缝防水检验

（1）墙板防水施工完毕后应及时进行淋水试验，淋水的重点是墙板十字接缝处、预制墙板与现浇结构连接处以及窗框部位，淋水时宜使用消防水龙带对试验部位进行喷淋。

（2）外部检查打胶部位是否有脱胶现象，排水管是否排水顺畅，内侧仔细观察是否有水印、水迹。

（3）发现有局部渗漏部位必须认真做好记录查找原因及时处理，必要时可在墙板内侧加设一道聚氨酯防水密封胶提高防渗漏安全系数。

4. 接缝防水质量检验

（1）主控项目

1）用于防水的各种材料的质量、技术性能，必须符合设计要求和施工规范的规定；必须有使用说明书、质量认证文件和相关产品认证文件，使用前做复试。

2）外墙板防水构造必须完整，型号、尺寸和形状必须符合设计要求和有关规定，构件还应有出厂合格证。

3）外墙板、阳台、雨罩、女儿墙板等安装就位后，其标高、板缝宽度、坐浆厚度应符合设计要求和施工规范的规定。

4）嵌缝胶嵌缝必须严密，粘结牢固，无开裂，板缝两侧覆盖宽度超出各不小于20mm。

5）防水涂料必须平整、均匀，无脱落、起壳、裂缝、鼓泡等缺陷。

（2）一般项目

1）外墙板、阳台板、雨罩板、女儿墙板等接缝防水施工完成后，要进行立缝、平缝、十字缝的淋水试验检查。

2）对淋水试验发现的问题，要查明渗漏原因，及时修理，修后继续做淋水试验，直到不再发生渗漏水时，方可进行外饰面施工。

3）对渗漏点的部位及修理情况应认真做记录，标明具体位置，作为技术资料列入技术档案备查。

4）嵌缝胶表面平整密实，底涂结合层要均匀，嵌缝的保护层粘结牢固，覆盖严密。

（五）主体结构验收

装配整体式混凝土结构现浇混凝土施工及验收应符合《混凝土结构工程施工质量验收

规范》GB 50204—2015 的相关规范规定要求。

1. 一般规定

（1）装配整体式混凝土结构应按混凝土结构子分部工程进行验收；当结构中部分采用现浇混凝土结构时，装配整体式混凝土结构部分可作为混凝土结构子分部工程的分项工程进行验收。装配整体式混凝土结构验收除应符合本规程规定外，尚应符合《混凝土结构工程施工质量验收规范》GB 50204—2015 的有关规定。

（2）钢筋套筒灌浆连接技术要求应符合《钢筋套筒灌浆连接应用技术规程》JGJ 355—2015 的有关规定。

（3）预制构件的进场质量验收应符合《混凝土结构工程施工质量验收规范》GB 50204—2015 的有关规定。

（4）装配整体式混凝土结构焊接、螺栓等连接用材料的进场验收应符合《钢结构工程施工质量验收标准》GB 50205—2020 的有关规定。

（5）装配整体式混凝土结构的外观质量除设计有专门的规定外，尚应符合《混凝土结构工程施工质量验收规范》GB 50204—2015 中关于现浇混凝土结构的有关规定。

（6）装配整体式混凝土结构建筑的饰面质量应符合设计要求，并应符合《建筑装饰装修工程质量验收标准》GB 50210—2018 的有关规定。

（7）装配整体式混凝土结构验收时，除应按《混凝土结构工程施工量验收规范》GB 50204—2015 的要求提供文件和记录外，尚应提供下列文件和记录：

1）工程设计文件、预制构件制作和安装深化设计图；

2）预制构件、主要材料及配件的质量证明文件、进场验收记录、抽样复验报告；

3）预制构件安装施工记录；

4）钢筋套筒灌浆、浆锚搭接连接的施工检验记录；

5）后浇混凝土部位的隐蔽工程检查验收文件；

6）后浇混凝土、灌浆料、坐浆材料强度检测报告；

7）外墙防水施工质量检验记录；

8）装配整体式混凝土结构分项工程质量验收文件；

9）装配整体式混凝土结构工程的重大质量问题的处理方案和验收记录；

10）装配整体式混凝土结构工程的其他文件和记录。

2. 主控项目

（1）后浇混凝土强度应符合设计要求。

检查数量：按批检验，检验批应符合《装配整体式混凝土结构工程施工与质量验收规程》DB/T 29—243—2016 的有关要求。

检验方法：按《混凝土强度检验评定标准》GB/T 50107—2010 的要求进行。

（2）钢筋套筒灌浆连接及浆锚搭接连接的灌浆应密实饱满。

检查数量：全数检查。

检验方法：检查灌浆施工质量检查记录。

（3）钢筋套筒灌浆连接及浆锚搭接连接用的灌浆料强度应满足设计要求。

检查数量：按批检验，以每层为一检验批；每工作班应制作一组且每层不应少于 3 组 40mm×40mm×160mm 的长方体试件，标准养护 28d 后进行抗压强度试验。

检验方法：检查灌浆料强度试验报告及评定记录。

（4）剪力墙底部接缝坐浆强度应满足设计要求。

检查数量：按批检验，以每层为一检验批；每工作班应制作一组且每层不应少于3组边长为70.7mm的立方体试件，标准养护28d后进行抗压强度试验。

检验方法：检查坐浆材料强度试验报告及评定记录。

（5）钢筋采用焊接连接时，其焊接质量应符合《钢筋焊接及验收规程》JGJ 18—2012的有关规定。

检查数量：按《钢筋焊接及验收规程》JGJ 18—2012的规定确定。

检验方法：检查钢筋焊接施工记录及平行加工试件的强度试验报告。

（6）钢筋采用机械连接时，其接头质量应符合《钢筋机械连接技术规程》JGJ 107—2016的有关规定。

检查数量：按《钢筋机械连接技术规程》JGJ 107—2016的规定确定。

检验方法：检查钢筋机械连接施工记录及平行加工试件的强度试验报告。

（7）预制构件采用焊接连接时，钢材焊接的焊缝尺寸应满足设计要求，焊缝质量应符合《钢结构焊接规范》GB 50661—2011和《钢结构工程施工质量验收规范》GB 50205—2020的有关规定。

检查数量：全数检查。

检验方法：按《钢结构工程施工质量验收标准》GB 50205—2020的要求进行。

（8）预制构件采用螺栓连接时，螺栓的材质、规格、拧紧力矩应符合设计要求及《钢结构设计标准》GB 50017—2017和《钢结构工程施工质量验收标准》GB 50205—2020的有关规定。

检查数量：全数检查。

检验方法：按《钢结构工程施工质量验收标准》GB 50205—2020的要求进行。

（六）结构检查项目

（1）装配整体式混凝土结构尺寸允许偏差应符合设计要求，并应符合以下规定：

检查数量：按楼层、结构缝或施工段划分检验批。在同一检验批内，对梁、柱，应抽取构件数量的10%，且不少于3件；对墙和板，应按有代表性的自然间抽查10%，且不少于3间；对大空间结构，墙可按相邻轴线间高度5m左右划分检查面，板可按纵、横轴线划分检查面，抽查10%，且均不少于3面。

（2）外墙板接缝的防水性能应符合设计要求，并应符合以下规定：

检查数量：按批检验。每1000m^2外墙面积应划分为一个检验批，不足1000m^2时也应划分为一个检验批；每个检验批每100m^2应至少抽查一处，每处不得少于10m^2。

检验方法：检查现场淋水试验报告。

练习题

单选题

1. 夹芯保温外墙板后浇混凝土连接节点区域的钢筋连接施工时，不得采用（　　）。

A. 绑扎连接　　B. 灌浆套筒连接

C. 焊接连接　　D. 套筒挤压连接

2. 下列选项中，关于碰撞检查中管线优化设计原则的说法，不正确的是（　　）。

A. 在非管线穿梁、碰柱、穿吊顶棚必要情况下，尽量不要改动

B. 管线避让原则为：无压管让有压管；大管让小管；施工简单管让施工复杂管；冷水管道避让热水管道：附件少的管道避让附件多的管道；临时管道避让永久管道

C. 在需满足建筑业主要求时，对没有发生碰撞但不满足净高要求的部位需要进行优化设计

D. 管线优化设计时，应预留安装、检修空间

3. 装配式结构的后浇混凝土部位在浇筑前应进行（　　）验收。

A. 分部工程　　B. 分项工程　　C. 检验批　　D. 隐蔽工程

4.《装配式混凝土建筑技术标准》GB/T 51231—2016 等标准文件规定，竖向预制构件安装采用临时支撑时，临时支撑不宜少于（　　）道。

A. 1　　B. 2　　C. 3　　D. 4

5.《装配式混凝土建筑技术标准》GB/T 51231—2016 规定：预制构件拼接部位的混凝土强度等级不应（　　）预制构件的混凝土强度等级。

A. 高于　　B. 低于　　C. 等于　　D. 没有关系

6. 当采用套筒灌浆连接时，自套筒底部至套筒顶部并向上延伸（　　）范围内，预制剪力墙的水平分布筋应加密，加密区水平分布筋的最大间距及最小直径应符合《装配式混凝土结构技术规程》JGJ 1—2014 中的规定。

A. 100mm　　B. 200mm　　C. 300mm　　D. 400mm

7. 装配式结构竖向构件（柱、墙、桁架）轴线位置的允许偏差值为（　　）。

A. 0mm　　B. 5mm　　C. 8mm　　D. 15mm

8. 装配式建筑构件吊装用吊具应根据预制构件形状、尺寸及重量等参数进行配置，吊索水平夹角不宜大于（　　），且不应小于（　　）；对尺寸较大或形状复杂的预制构件，宜采用有分配梁或分配桁架的吊具。

A. 60°　45°　　B. 60°　30°　　C. 45°　30°　　D. 80°　45°

9. 装配式混凝土结构预制柱吊装时，柱就位后，应将柱底落实，每个柱面应采用不少于（　　）个钢楔楔紧，但严禁将楔子重叠放置。

A. 1　　B. 2　　C. 3　　D. 4

10. 预制柱翻身时，应确保本身能承受自重产生正负弯矩值，其两端距端面（　　）柱长处应垫方木或枕木垛。

A. 1/5～1/6　　B. 1/8～1/10　　C. 1/2～1/3　　D. 1/6～1/8

11. 构件起吊前，其（　　）应符合设计规定，并应将其上的模板、灰浆残渣、垃圾

碎块等全部清除干净。

A. 刚度　　B. 强度　　C. 硬度　　D. 稳定性

12. 根据《混凝土结构工程施工质量验收规范》GB 50204—2015，预制楼板安装高度允许偏差应满足±（　　）mm 的要求。

A. 5　　B. 4　　C. 3　　D. 6

13. 框架柱吊装时，上节柱的安装应在下节柱的梁和柱间支撑安装焊接完毕，下节柱接头混凝土达到设计强度的（　　）及以上后，方可进行。

A. 50%　　B. 65%　　C. 75%　　D. 90%

14. 装配式工业厂房吊车梁的吊装、应在基础杯口二次浇筑的混凝土达到设计强度（　　）以上，方可进行。

A. 30%　　B. 50%　　C. 70%　　D. 90%

15. 构件安装就位后，可通过临时支撑对构件的位置和（　　）进行微调。

A. 垂直度　　B. 标高　　C. 长度　　D. 宽度

16. 预制构件安装就位后应及时采取临时固定措施。预制构件与吊具的分离应在校准定位及（　　）后进行。

A. 后浇混凝土浇筑　　B. 临时固定措施安装完成

C. 构件灌浆　　D. 焊接锚固

17. 采用临时支撑时，对预制墙板的斜撑，其支撑点距离板底的距离不宜大于板高的（　　），且不应小于板高的（　　）。

A. 4/5　2/3　　B. 2/3　1/2　　C. 2/3　1/4　　D. 1/2　1/3

18. 临时支撑顶部标高应符合设计规定，尚应考虑支撑系统自身在（　　）作用下的变形。

A. 施工荷载　　B. 结构自重　　C. 人工干预　　D. 风荷载

19. 装配式结构的连接施工时，构件连接处浇筑用材料的强度及收缩性能应满足设计要求。如设计无要求，浇筑用材料的强度等级值不应低于连接处构件混凝土强度设计等级值的较大值；粗骨料最大粒径不宜大于连接处最小尺寸的（　　）。

A. 1/2　　B. 1/3　　C. 1/4　　D. 1/5

20. 墙体垂直度满足后，在预制墙板上部 2/3 高度处，用斜支撑通过连接对预制构件进行固定，墙体构件用不少于（　　）根斜支撑进行固定。

A. 2　　B. 3　　C. 4　　D. 5

模块七 Modular 07

施工过程信息管理技术与安全生产管理

一、知识目标

熟悉物联网技术特点，熟悉 BIM＋RFID 技术动态全过程管理技术应用知识，熟悉 BIM 技术在模拟施工中的应用，熟悉装配式建筑施工安全管理知识。

二、能力目标

能依据图纸，用相应 BIM 软件模拟施工；对施工过程涉及的安全要求，能提出相应的措施。

三、素养目标

能沟通协调团队成员，应用 BIM 软件建模，在模拟施工过程中，依据相应安全技术规程，进行安全管理，形成严谨的安全观。

四、1+X技能等级证书考点

1. 能够利用物联网技术，对材料、设备、构件、部品等质量实现全过程进行追溯管理。

2. 能够建立协同工作机制，并运用与之相适应的生产、施工全过程管理平台，实现信息共享。

3. 能够利用 BIM 技术进行生产和预拼装模拟，进行生产和装配工艺方案比选及优化。

7.1 模块七施工过程信息管理技术

任务一 应用 BIM+RFID 技术动态管理建造过程

（一）BIM 技术

BIM 的含义应当包括三个方面：

（1）BIM 是设施所有信息的数字化表达，是一个可以作为设施虚拟替代物的信息化电子模型，是共享信息的资源，即 Building Information Model，也可称为 BIM 模型。

（2）BIM 是在开放标准和互用性基础之上建立、完善和利用设施的信息化电子模型的行为过程，设施有关的各方可以根据各自职责对模型插入、提取、更新和修改信息，以支持设施的各种需要。

（3）BIM 是一个透明的、可重复的、可核查的、可持续的协同工作环境，在这个环境中，各参与方在设施全生命周期中都可以及时联络，共享项目信息，即 Building Information Management，也可称为建筑信息管理。

这里的“设施”不仅指建筑物，还包括构筑物，如水坝、水闸以及线形状态的基础设施，如道路、桥梁、铁路、隧道、管廊等。

BIM 技术是一项应用于设施全生命周期的 3D 数字化技术，它以一个贯穿其生命周期都通用的数据格式，创建、收集该设施所有相关的信息并建立起信息协调的信息化模型作为项目决策的基础和共享信息的资源，BIM 技术具有操作的可视化、信息的完备性、信息的协调性以及信息的互用性四个特点。

（二）物联网的关键技术——无线射频识别（RFID）技术

RFID（Radio Frequency Identification，无线射频识别），是一种非接触式的自动识别技术，它通过射频信号自动识别目标对象并获取相关数据，识别工作无需人工干预，可工作于各种恶劣环境，RFID 技术可同时识别多个标签，操作快捷方便。在国内，RFID 已经在身份证、电子收费系统和物流管理等领域有了广泛应用，如图 7.1.1 所示。

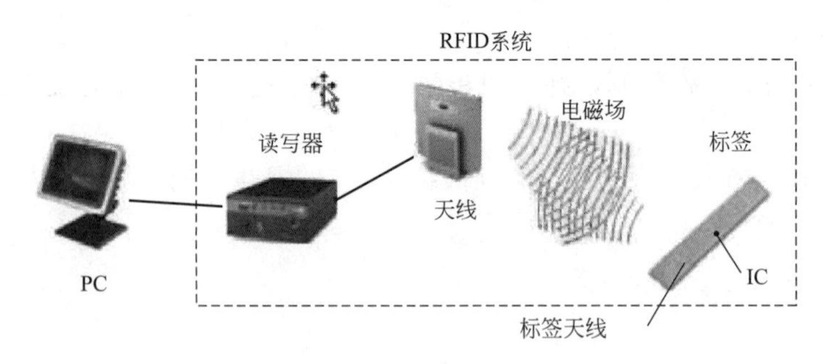

图 7.1.1 无线射频识别系统

（三）BIM+RFID 技术应用

1. 设计阶段应用

（1）初步设计阶段

在装配式建筑的整体方案设计阶段，建筑设计师在结构设计师的配合下，制定出满足装配式指标的预制方案，各专业开展基于BIM模型的方案设计、初步设计，在BIM技术可视化的基础上，实现建筑构造与结构预制拆分方案的一致性，并验证预制拆分方案的可实现性，通过关键部位各专业BIM初步协同设计，提前考虑预留预埋，以及相关预制构件的预拼接设计。

在此工程中实现专业间的BIM模型的综合协调，解决专业间的配合问题，以BIM模型及在此基础上的二维视图作为阶段性成果。

（2）施工图设计阶段

以协同设计的BIM模型为基础进行施工图设计，在此阶段进一步完善交付模型，通过专业间的协同，解决建筑构造与预制构件的节点处理，实现建筑功能，解决管线预留预埋在预制构件中的实现方案，解决预制构件钢筋的预留与现浇暗柱的连接问题，在此阶段中，通过BIM模型优化拆分方案，为进一步深化设计提供准备。

对预制构件的拆分要提前考虑预制构件的工厂制作、运输、吊装等因素。构件拆分尽量为二维构件，三维构件工厂制作工序较多，且给运输带来一定困难，对吊点的设置增加难度不利于现场的施工安装。

（3）深化设计阶段

在预制拆分构件的BIM模型基础上，进行装配式建筑的优化设计，在此阶段，建筑构造阶段细化到预制构件上，预制构件自身的钢筋信息设计制定，实现钢筋的避让和加强，管线、设备的预留孔槽的精确定位等，把各专业协同设计成果，集合到单个的预制构件上，实现从装配式建筑整体到单个预制构件的合理化拆分，在此基础上通过碰撞检测最终确定构件的三维模型及二维视图的交付归档。

碰撞检测可分为三个部分：

1）构件间的碰撞检测

预制剪力墙竖向连接钢筋的预留长度是否能实现套筒的有效连接，竖向钢筋的空间位置是否与叠合板胡子筋交叉重合，现浇暗柱是否满足一定尺寸，而避免相邻预制墙体构件水平筋碰撞，及预制梁筋构件的水平伸出钢筋的碰撞，构件间管线连接点的一致性，避免出现偏位，叠合板胡子筋与胡子筋是否碰撞，建筑装饰及防水构造在楼层尺寸间的精确连接，注胶缝的精确留置及是否有留孔部位，避免后期现浇施工处理。

2）构件内部的碰撞检测

预制构件内部的碰撞在深化阶段碰撞检测前，通过各专业的协同设计解决了一部分，构件内的碰撞主要包括内部各钢筋的交叉碰撞，钢筋与预埋件、预留线盒的碰撞，预留孔洞线槽与钢筋的碰撞。

3）预制构件与现浇暗柱及后浇板带的设计合理性检测

现浇暗柱是否留置足够长度满足预制构件外伸钢筋的长度，并保证节点连接的设计合理性，预留胡子筋是否与后脚板带的宽度一致，局部凹凸异形板部位是否有特殊的处理。

根据检测结果，利用BIM模型优化设计，并在BIM模型上充分考虑生产施工阶段的影响因素，进行全过程的BIM技术应用，以BIM模型交付，为预制构件的生产、施工建立基础，提供依据。

（4）组建BIM预制构件库

预制构件BIM模型是进行装配式建筑BIM建模的基础，根据标准化设计，利用BIM

技术建立装配式构件产品库，可以使预制装配式建筑构件规格化，进而户型标准化，减少设计错误，提高出图效率，尤其在预制构件的加工和现场安装上大大提高了工作效率。

现阶段主要的BIM构件库组建方式主要有两种：

第一种是根据规范图集、生产企业生产条件、设计经验，由设计单位进行预制构件建模，创建不同标准的BIM预制构件库，依托构件库里的标准BIM构件，按照业主不同需求进行“组装”设计，标准BIM预制构件，既满足工厂规模化、自动化加工，又满足现场的高效组装要求。

第二种是根据已经完成的结构布置，进行预制构件拆分，自动生成相应的预制构件模型，这种模式虽然减少了预制构件模型的建模过程，减轻了工作量，但是拆分的预制构件种类较多，不利于标准化生产，建议在建筑方案阶段就进行装配式的整体考虑，配合自动拆分，实现合理的装配式设计。

(5) 基于BIM技术的装配式住宅标准化设计

装配式住宅建筑的设计应当按照“一致性最大化”的原则向标准化、模块化设计方向改进，实现少规格多组合、系列化集约化的生产建造，因此，从方案设计之初，就应该推行“标准化”理念，为后续的深入设计创造条件。

装配式建筑的“标准化、模块化”是在建筑设计中按照一定的模数体系规范构配件和部品的尺寸，尽可能统一规格，从而形成系列化的标准模块，模块按照一定程序原则进行组合，生成住宅产品。建筑标准化体系是建筑工业化的必备条件，同时也是建筑生产进行社会化协作的必要条件，实行标准化还需要考虑住宅的多样化，避免出现千篇一律。

因此标准化研究需要考虑两个方面：第一，紧密结合装配式建筑的特点，基于BIM技术建立数据平台，实现建筑标准化部品部件模块的规格、种类最小化；第二，充分考虑居住者追求个性化的心理，通过标准化模块的组合，实现住宅产品的多样性，更好地适应全客户群对住宅空间、品质的多样化需求。

基于BIM技术的模块设计如图7.1.2所示。

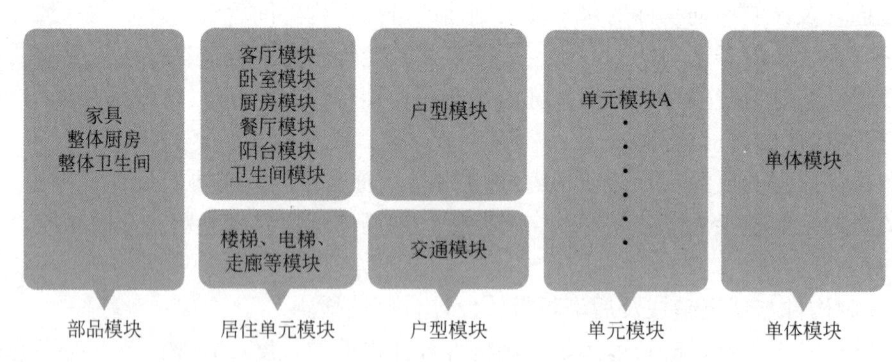

图7.1.2　基于BIM技术的模块设计

(6) 各专业协同设计

设计阶段BIM应用的主要价值体现之一就是BIM协同设计与协同工作，协同设计需具备的功能有工作共享、内容复用、动态反馈，BIM协同设计优于传统二维图纸设计，在装配式建筑设计阶段优势更加明显。

中心文件的建立，为各专业简化了文件的传递，并确定了唯一的交付模型，唯一性的确立，为装配式建筑 BIM 交付模型的精准性提供了保障，规避了传统二维图纸设计各专业交叉错误的弊端，装配式建筑在设计阶段需提前考虑生产、施工、运维各阶段因素，BIM 协同设计让专业的穿插趋于流畅。

（7）扩展应用部分

通过 BIM 的精确设计后，可大大降低专业间交错碰撞，且各专业分包利用模型开展施工方案、施工顺序讨论，可以直观、清晰地发现施工中可能产生的问题，并给予提前解决，从而大量减少施工过程中的误会与纠纷，也为后阶段的数字化加工、数字建造打下坚实基础。

2. 施工阶段应用

在装配式建筑的构配件生产过程中，将原来在施工现场进行的工作转移到工厂的生产车间，这将提高生产（建造）速度，缩短建造工期，同时借鉴制造业成熟的生产制造系统，有助于提高构配件生产效率和生产质量，降低生产成本和事故发生率，对于整个施工项目的顺利合格完成有一定的保障。

BIM 平台作为构配件信息虚拟存储平台为各方信息交流提供了通道，而位于构配件中的 RFID 芯片为各方对构配件的管理信息提供了存储功能，将现实中的构配件与 BIM 模型中的虚拟构配件进行了连接，沟通了现实与虚拟，如图 7.1.3 所示。

（1）构配件生产制造阶段应用

相比于传统的建筑施工，装配式建筑施工在制造工厂就已经开始，做好工厂生产的准备工作。通过了图纸会审和三维可视化技术进行优化设计和碰撞检查后的三维数据模型，将其中需要工厂生产的构配件信息通过 BIM 信息平台将模型中的预制构配件信息库直接下发到工厂，减少信息传递的中间环节，避免信息由于传递环节的增加而造成信息流失，从而导致管理的失误。工厂利用得到的三维模型以及数据信息进行准确生产，减少因二维图纸传输过程中读图差异所导致预制件生产准备阶段订单质量隐患，确保预制件的精确加工。

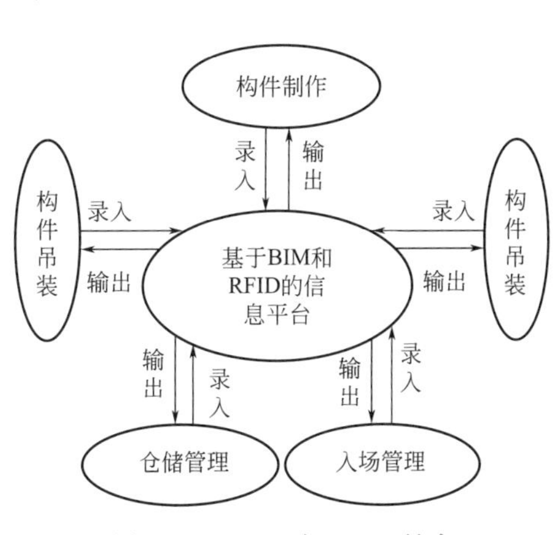

图 7.1.3　BIM 与 RFID 结合

在构配件加工过程中，工人就通过 RFID 芯片，为后续构配件的有效管理提供支持，工人对构配件的材料信息进行写入，形成可追溯表单，并将记录结果通过手持设备录入此构配件内部芯片，同时芯片的关联信息通过现场无线局域网传输进 BIM 模型，使模型中这一构配件数据实时更新，这样，项目的管理人员、业主以及工厂的管理人员可以随时通过 BIM 模型来查看构配件情况，以便实时对构配件进行控制。

在构配件生产完成时，使用三维扫描仪器进行最后质量检查，扫描构配件并使扫描得到的三维模型通过构配件内置芯片，实时上传 BIM 模型数据库，数据库接收数据后根据编码 ID 自动与模型内设计构配件进行比对，使设计的模型数据和生产的构配件数据从虚拟和现实角度控制构配件质量，重点对构配件的外形尺寸，预埋件位置等进行检查比对，对不合格的构配件在模型中给予颜色显示，用以提醒质量管理者，同时下发指令阻止缺陷构配件出厂，保证出厂构配件的质量。

（2）构配件物流运输阶段应用

在构配件的生产运输阶段，运用BIM技术与RFID技术相结合，根据构配件的形状、重量，结合装配现场的实际情况，合理规划运输路线，灵活选择运输车辆，合理安排运输顺序。

基于BIM和RFID强大的技术支持，使BIM模型中存储的虚拟构配件与现实中的构配件在形状、尺寸，甚至质量等信息都保持一致，这就为模拟运输提供了条件，在进行构配件现实运输前，首先在计算机虚拟环境中，将构配件的运输情况进行模拟，做到提前发现问题，比如在车辆的选择上，构配件的排布上，甚至将BIM系统与城市交通网络相连接，直接将运输路线也提前规划好，将运输纳入到施工现场的管理中，有利于保证运输的可靠性。

（3）构配件现场存储阶段的应用

构配件进入装配现场时，根据读取构配件ID，按照BIM中心给出的施工方案对构配件的使用位置、使用时间作出准确的判断，做到构配件的现场合理分布，以免发生二次搬运对构配件造成破坏。

构配件施工现场在存储时考虑的因素：

1）存放位置

构配件入场时，首先要考虑的就是构配件的存放位置，存放位置遵循两个原则：一是基于构配件自身的考虑，根据构配件的使用位置及情况，综合确定构配件的存放位置，主要是以减少构配件入场后的二次搬运为主，减少在存储过程中因二次搬运对构配件造成破坏；二是基于整体场布的考虑，构配件的存放位置不能对施工现场其他的如人流、施工机械的进出产生影响，从而影响施工进度。

2）存放环境

构配件在施工过程中对精度相对要求较高，所以在存储过程中要保持构配件的存储质量，如构配件中存在预埋件等，应适当地进行防潮防湿处理，为了便于对构配件的使用，存储现场应对场地进行硬化处理，适当放坡，在存放过程中保持构配件与地面、构配件之间存在一定空隙，保持通风顺畅，现场干燥。

3）专人看护

在构配件的存储过程中应有专人进行看护，做到每天对构配件进行早晚库存盘查，并通过手持RFID阅读器，将每天的库存盘查情况实时上传到BIM中心，做到与虚拟环境中的构配件实时互动，为现场施工方案的修正提供辅助信息。

4）虚拟场布

在施工现场向构配件制造工厂发出物流运输请求的同时，根据虚拟环境下构配件的物理信息对构配件提前在施工现场进行虚拟场布模拟，按照施工现场实际情况对构配件的存储进行预演，为下一步的构配件进场扫清障碍，将粗放式的建筑工地管理向精细化管理迈进。

（4）基于BIM的施工场地布置管理

根据施工现场要求以及工作量大小，选取合适的施工机械，同时对现场临时设施进行合理规划，减少后期施工过程中临时设施的拆卸，有效节省施工费用，减少施工浪费，提高施工效率。

可对项目塔式起重机、场地、各建筑物、施工电梯及二次砌体等进行模拟，方便施工人员熟悉相关施工环境以及根据施工场地特点因地制宜地对场地进行合理的布置，并可对脚手架、二次砌体以及临时设施进行计算，如图 7.1.4 所示。

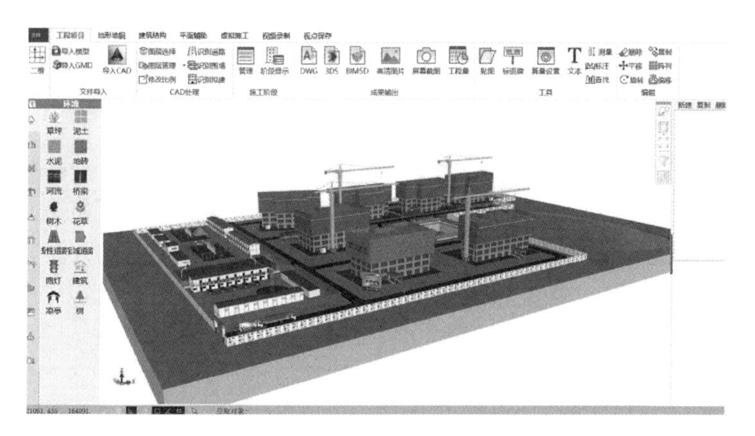

图 7.1.4　场地布置 BIM 图

通过施工现场场布模拟，可以对施工现场进行有效平面布置管理，解决施工分区重叠，特别是在狭小施工项目中显得尤为重要，BIM 技术作为一个管理平台，将拟建的建（构）筑物以及设备和需要的材料等预先进行模拟布置，对实际施工过程具有重要指导意义。

（5）基于 BIM 的施工进度管理

应用 BIM 技术对施工项目进行进度管理时，可以通过施工模拟将拟建项目的进度计划与 BIM 模型相关联，使模型按照编制的进度计划进行虚拟建造，针对虚拟建造过程中出现的问题，随时修正项目建设的进度计划，通过三维动画方式预先模拟建设项目的建造过程，直观形象，有助于发现进度计划的不合理之处，在不浪费实际建造材料的情况下将施工进度计划予以优化，并且支持多方案比较，在有多个施工计划时，可以按照每个进度计划进行模拟，比较进度计划的合理性。

在施工过程中，将实际的施工进度输入 BIM 模型中，将实际进度与计划进度进行比较，当实际进度落后于计划进度时，模型中以红色显示，当实际进度超前时，则以绿色显示，并且在进度跟踪的基础上还可以将费用与进度相结合管理，形成施工过程的挣值曲线，对项目进度管理做到实时控制。

（6）装饰装修中 BIM 的应用

利用 BIM 技术可视化、可出图、信息完备等特性对装修位置进行排版定位，把项目所需的每一种材料的精确数量体现出来，如块料铺贴，能将块料铺贴的数量，包括整块、切割的数量以及切边的尺寸都能得到精确的数量。因此所有块料的加工切边都在厂家进行，运到现场，工人只需依据图纸进行铺贴就可以了，基本上没有浪费，其他材料也是如此控制，精装修项目的成本控制主要是材料费以及人工费的控制：运用 BIM 技术建模，依据建模图纸基本上就可以进行施工，工人不需要进行材料加工，节省了施工时间，减少了人工费的支出，从而降低了成本。

任务二 安全生产管理

安全生产管理是一个系统性、综合性的管理，其管理的内容涉及建筑生产的各个环节。因此，建筑施工企业在安全管理中必须坚持“安全第一，预防为主，综合治理”的方针。制定安全政策、计划和措施，完善安全生产组织管理体系和检查体系，加强施工安全管理。

（一）组建施工现场安全组织架构

一项安全政策的实施，有赖于一个恰当的组织结构和系统去贯彻落实。仅有一项政策，没有相应的组织去贯彻、落实，政策仅是一纸空文。建立施工现场安全组织结构和系统，是确保装配式建筑施工安全生产顺利开展的前提。

工程项目部是施工第一线的管理机构，必须依据工程特点，建立以项目经理为首的安全生产领导小组，小组成员由项目经理、项目副经理、项目技术负责人、专职安全员、施工员及各工种班组的领班组成。工程项目部应根据工程规模大小，配备专职安全员。建立安全生产领导小组成员轮流值日制度，解决和处理施工生产中的安全问题并进行巡回安全生产监督检查。建立每周一次的安全例会制度和每日班前安全讲话制度，项目经理应亲自主持定期的安全例会，督促检查班前安全活动的讲话记录。

（二）明确岗位职责

安全生产责任制是最基本的安全管理制度，是所有安全生产管理制度的核心。安全生产责任制是按照安全生产管理方针和“管生产的同时必须管安全”的原则，将各级负责人员、各职能部门及其工作人员和各岗位生产工人在安全生产方面应做的事情及应负的责任加以明确规定的一种制度。具体而言，就是将安全生产责任分解到相关单位的主要负责人、项目负责人、专职安全员、现场作业人员身上。

1. 施工单位主要负责人

施工单位主要负责人依法对本单位的安全生产工作全面负责。施工单位应当建立健全安全生产责任制度和安全生产教育培训制度，制定安全生产规章制度和操作规程，保证本单位安全生产条件所需资金的投入，对所承担的建设工程进行定期和专项安全检查，并做好安全检查记录。

2. 施工单位的项目负责人

施工单位的项目负责人，即项目经理，应当由取得相应执业资格的人员担任，对建设工程项目的安全施工负责，落实安全生产责任制度、安全生产规章制度和操作规程，确保安全生产费用的有效使用，并根据工程的特点组织制定安全施工措施，消除安全事故隐患，及时如实报告生产安全事故。

3. 专职安全员

专职安全生产管理人员负责对安全生产进行现场监督检查。发现安全事故隐患，应当及时向项目负责人和安全生产管理机构报告；发现有违章指挥、违章操作的，应当立即制止。

4. 现场作业人员

施工作业人员进入新的岗位或者新的施工现场前，应当接受安全生产教育培训。未经教育培训或者教育培训考核不合格的人员，不得上岗作业。当工程采用新技术、新工艺、新设备、新材料时，作业人员也应当进行相应的安全生产教育培训。

现场作业人员进入施工现场应当遵守安全施工的强制性标准、规章制度和操作规程，正确使用安全防护用具、机械设备等。在施工作业前，应正确佩戴安全防护用具和穿着安全防护服装，正确使用和妥善保管各种防护用品和消防器材，并应正确学习危险岗位的操作规程和熟知违章操作的危害。

施工作业人员应集中精力搞好安全生产，平稳操作，严格遵守劳动纪律和工作流程，认真做好各种记录，不得串岗、脱岗，严禁在岗位上睡觉、打闹和做其他违反纪律的事情，严禁作业人员酒后进入施工现场。

施工作业人员有权对施工现场的作业条件、作业程序和作业方式中存在的安全问题提出批评、检举和控告，有权拒绝违章指挥和强令冒险作业。在施工中发生危及人身安全的紧急情况时，作业人员有权立即停止作业或者在采取必要的应急措施后撤离危险区域。

施工作业人员应每年至少进行一次安全生产教育培训，其教育培训情况记入个人工作档案。

（三）建筑施工安全检查

1. 建筑工程施工安全检查的主要内容

建筑工程施工安全检查主要内容包括查安全思想、查安全责任、查安全制度、查安全措施、查安全防护、查设备设施、查教育培训、查操作行为、查劳动防护用品使用和查伤亡事故处理等。

2. 建筑工程施工安全检查的主要形式

建筑工程施工安全检查的主要形式一般可分为日常巡查、专项检查、定期安全检查、经常性安全检查、季节性安全检查、节假日安全检查、开工及复工安全检查、专业性安全检查和设备设施安全验收检查等。

3. 安全检查的要求

（1）根据检查内容配备力量，抽调专业人员，确定检查负责人，明确分工。

（2）应有明确的检查目的和检查项目、内容及检查标准、重点、关键部位。对大面积或数量多的项目采取观感检查和实体测量相结合的方法。检查时尽量采用检测工具，用数据说话。

（3）对现场管理人员和操作工人不仅要检查是否有违章指挥和违章作业行为，还应进行应知应会的抽查，以便了解管理人员及操作工人的安全素质。对于违章指挥、违章作业行为，检查人员应当场指出并进行纠正。

（四）装配式建筑施工现场危险源辨识

1. 常见安全事故类型

建筑工程最常发生的事故，按事故类别分，可以分为 14 类，即物体打击、车辆伤害、机械伤害、起重伤害、触电、灼烫、火灾、高处坠落、坍塌、透水、爆炸、中毒、窒息以及其他伤害。在装配式建筑工程施工过程中，高处坠落、物体打击、机械伤害、触电、坍塌为常见的五种事故类型。

施工现场安全事故的防范，首先应从现场施工危险源开始抓起。

2. 两类危险源

危险源是指可能导致人员伤害或疾病、物质财产损失、工作环境破坏的情况或这些情况组合的根源或状态的因素。危险因素与危害因素同属于危险源。

根据危险源在安全事故发生发展过程中的机理，一般把危险源划分为两大类，即第一类危险源和第二类危险源。

（1）第一类危险源：能量和危险物质的存在是危害产生的最根本原因，通常把可能发生意外释放的能量或危害物质称作第一类危险源。此类危险源是事故发生的物理本质，一般来说，系统具有的能量越大，存在的危险物质越多，则其潜在的危险性和危害性也就越大。第二类危险源：造成约束、限制能量和危险物质措施失控的各种不安全因素称为第二类危险源。该类危险源主要体现在设备故障或缺陷、人为失误和管理缺陷等几个方面。

（2）危险源与事故：事故的发生是两类危险源共同作用的结果。第一类危险源是事故发生的前提，第二类危险源的出现是第一类危险源导致事故的必要条件。

3. 危险源辨识

危险源辨识是安全事故防范的基础工作，主要目的就是从组织的活动中识别出可能造成人员伤害或疾病、财产损失、环境破坏的危险或危害因素，并判定其可能导致的事故类别和导致事故发生的直接原因的过程。

（1）危险源的类型：为做好危险源的辨识工作，可以把危险源按工作活动的专业进行分类，如机械类、电器类、辐射类、物质类、高坠类、火灾类和爆炸类等。

（2）施工现场常见危险源：

1）在平地上滑倒（跌倒）；

2）人员从高处坠落（包括从地坪处坠入深坑）；

3）工具、材料等从高处坠落；

4）头顶以上空间不足；

5）用手举起搬运工具、材料等有关的危险源；

6）与装配、试车、操作、维护、改造、修理和拆除等有关的装置、机械的危险源；

7）车辆危险源，包括场地运输和公路运输；

8）火灾和爆炸；

9）邻近高压线路和起重设备伸出界外；

10）可伤害眼睛的物质或试剂；

11）不适的热环境（如过热等）；

12）照度不足；

13）易滑、不平坦的场地（地面）；

14）不合适的楼梯护栏和扶手。

（五）装配式建筑施工重点安全注意事项

1. 预防高处坠落的安全要求

高处作业是指人在一定位置为基准的高处进行的作业。《高处作业分级》GB/T 3608—2008 规定：“凡在坠落高度基准面 2m 以上（含 2m）有可能坠落的高处进行作业，都称为高处作业。”高处作业警示标志如图 7.2.1 所示。

(1) 现场施工人员在作业前必须认真进行安全分析，并认真学习相关作业安全技术交底。

(2) 对患有职业禁忌症和年老体弱、疲劳过度、视力不佳人员等，不准进行高处作业，攀登和悬空高处作业人员以及搭设高处作业安全设施的人员，必须经过专业技术培训及专业考试合格，持证上岗，并必须定期进行健康检查。

(3) 作业人员必须正确穿戴劳动保护用品，正确使用防坠落用品与登高器具、设备，如图 7.2.2 所示。

图 7.2.1 高处作业警示标志

图 7.2.2 预制构件高处作业安全防护

(4) 作业人员应从规定的通道上下，不得在非规定的通道进行攀登，也不得任意利用吊车臂架等施工设备进行攀登。

(5) 用于高处作业的防护措施，不得擅自拆除。不符合安全要求的材料、器具、设备不得使用。

(6) 高处作业人员施工所需的工具、材料、零件等必须装入工具袋，上下时手中不得持物，严禁高空投掷工具、材料及其他物品。

(7) 高空临边作业人员必须正确使用安全防护措施，正确佩戴安全带，安全带应与防护架受力结构或建筑结构相连接。

(8) 严禁施工操作人员在临边无防护或无其他安全措施的情况下，沿叠合梁行走。

2. 临时用电安全技术要求

(1) 施工现场临时用电按照《施工现场临时用电安全技术规范》JGJ 46—2005 执行。

(2) 施工临时用电必须采用 TN-S 系统，符合“三级配电、两级保护”，达到“一机、一闸、一漏、一箱”要求，如图 7.2.3 所示。

3. 三级配电系统应遵守四项基本原则：即分级分路原则，动照分设原则，压缩配电间距原则，环境安全原则。

(1) 分级分路

1) 从一级总配电箱（配电柜）向二级分配电箱配电可以分路，即一个总配电箱（配电柜）可以分若干分路向若干分配电箱配电。

2) 从二级分配电箱向三级开关箱配电同样可以分路，即一个分配电箱可以分若干支

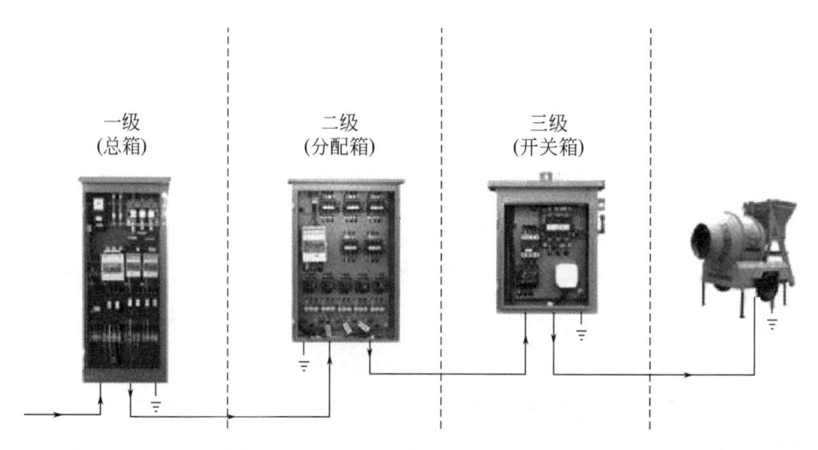

图 7.2.3　施工现场三级配电箱示意

路向若干开关箱配电。

3）从三级开关箱向用电设备配电实行“一机一闸”制，不存在分路问题，即每一开关箱只能连接控制一台与其相关的用电设备（含插座）。

按照分级分路原则的要求，在三级配电系统中，任何用电设备都不得越级配电，总配电箱和分配电箱不得挂接其他任何设备。

（2）动照分设

动力配电箱与照明分配电箱宜分别设置。当动力和照明合并设置于同一配电箱时，动力和照明应分路配电，动力和照明开关箱必须分别设置。

（3）压缩配电间距

压缩配电间距原则是指各配电箱、开关箱之间的距离应尽量缩短。总配电箱应设在靠近电源的区域，分配电箱应设在用电设备或负荷相对集中的区域，分配电箱与开关箱的距离不得超过 30m，开关箱与其控制的固定式用电设备的水平距离不宜超过 3m。

（4）安装、维修或拆除临时用电工程，必须由持证电工完成，无证人员禁止上岗。电工等级应与工程的难易程度和技术复杂性相适应。

（5）使用设备必须按规定穿戴和配备好相应的劳动保护用品，并应检查电气装置和保护设施是否完好，严禁设备带病运转和进行运转中维修。

（6）停用的设备必须拉闸断电，锁好开关箱。负载线、保护零线和开关箱发现问题应及时报告解决。搬迁或移动的用电设备，必须由专业电工切断电源并作妥善处理。

（7）对配电箱、开关箱进行检查、维修时，必须将其前一级相应的电源开关分闸断电，并悬挂停电检修标志牌，严禁带电作业。

（8）移动的用电设备使用的电源线路，必须使用绝缘胶套管式电缆。

（9）用电设备和电气线路必须有保护接零。

（10）严禁施工现场非正式电工乱接用电线和安装用电开关。

（11）残缺绝缘盖的闸刀开关禁止使用，开关不得采用铜、铁、铝线作熔断保险丝。

（六）预制构件堆放安全技术要求

（1）构件的吊运、堆放指挥人员应以色旗、手势、哨子等进行指挥。操作前应使全体人员统一熟悉指挥信号，指挥人应站在视线良好的位置上，但不得站在无护栏的墙头和吊物易碰触的位置上。

（2）操作人员必须戴安全帽，高处作业应佩挂安全带或设安全护栏。工作前严禁饮酒，作业时严禁穿拖鞋、硬底鞋或易滑鞋操作。

（3）各种构件应按施工组织设计的规定分区堆放，各区之间保持一定距离。堆放地点的土质要坚实，不得堆放在松土和坑洼不平的地方，防止下沉或局部下沉，引起侧倾甚至构件倾覆。

（4）外墙板、内隔墙板应放置在金属插放架内，两侧用木楔楔紧。插放架的高度应为构件高度的 2/3 以上，上面要搭设 300mm 宽的走道和上下梯道，便于挂钩。

（5）插放架一般宜采用金属材料制作，使用前要认真检查和验收。内外墙板靠放时，下端必须压在与插放架相连的垫木上，只允许靠放同一规格型号的墙板，两面靠放应平衡，吊装时严禁从中间抽吊，防止倾倒。

（6）建筑物外围必须设置安全网或防护栏杆，操作人应避开构件吊运路线和构件悬空时的垂直下方，并不得用手抓住运行中的起重绳索和滑车。

（7）凡起重区均应按规定避开输电线路，或采取防护措施，并且应划出危险区域和设置警示标志，禁止无关人员停留和通行。交通要道应设专人警戒。

（8）构件卸载时应轻轻放落，垫平垫稳，方可除钩。

（七）构件安装支撑安全技术要求

1. 独立钢支柱支撑系统

（1）独立钢支柱插管与套管的重叠长度不应小于 280mm，独立钢支柱套管长度应大于独立钢支柱总长度的 1/2 以上。

（2）独立钢支撑应设置水平杆或三脚架等有效防倾覆措施。当采用水平杆作为防倾覆措施时，水平杆应采用不小于 ϕ32mm 的普通焊接钢管按步纵横向通长满布贯通设置，水平杆不应少于两道，底层水平杆距地高度不应大于 550mm；当采用三脚架作为防倾覆措施时，三脚架宜采用不小于 ϕ32mm 的普通焊接钢管制作，支腿与底面的夹角宜为 45°～60°，底面三角边长不应小于 800mm，并应与独立钢支柱进行可靠连接。

（3）独立钢支撑的布置除应满足预制混凝土梁、板的受力设计要求，其楞梁宜垂直于叠合板桁架钢筋、叠合梁纵向布置，且独立钢支柱距结构外缘不宜大于 500mm。

（4）应根据支撑构件上的设计荷载选择合理的独立钢支柱型号，并保证在支撑结构作业层上的施工荷载不得超过设计允许荷载。

（5）叠合梁应从跨中向两端、叠合板应从中央向四周对称分层浇筑，叠合板局部混凝土堆置高度不得超过楼板厚度 100mm。叠合板、叠合梁后浇层施工过程中，应派专人观测独立钢支柱支撑系统的工作状态，发生异常时观测人员应及时报告施工负责人，情况紧急时应迅速撤离施工人员，并应进行相应加固处理。当遇到险情及其他特殊情况时，应立即停工和采取应急措施，待修复或险情排除后，方可继续施工。

（6）独立钢支撑拆除作业前，应对支撑结构的稳定性进行检查确认；独立钢支撑拆除前应经项目技术负责人同意方可拆除，拆除前混凝土强度应达到设计要求；当设计无要求时，混凝土强度应符合《混凝土结构工程施工质量验收规范》GB 50204—2015 的相关规定。

（7）独立钢支撑的拆除应符合现行国家相关标准的规定，一般应保持持续两层有支撑；当楼层结构不能满足承载要求时，严禁拆除下层支撑。

2. 临时斜支柱支撑系统

（1）预制竖向构件施工过程中应设置临时支撑，临时钢支柱斜支撑的固定方法如图 7.2.4 所示，上支撑杆倾角宜为 45°～60°，下支撑杆倾角宜为 30°～45°。

（2）临时钢支柱斜支撑搭设时，相邻两临时斜支撑宜平行并排搭设。

（3）预制柱竖向构件的支撑搭设宜多方向对称布置，预制柱竖向构件临时钢支柱斜支撑的搭设不应少于两个方向，且每个方向不应少于两道支撑。

（4）预制竖向构件吊运到既定位置后，应及时通过调节临时钢支柱斜杆的长度来调节竖向构件的垂直偏差，待调节固定好竖向构件后，方可拆除吊环。

（5）非设计允许，严禁采用临时斜支撑预埋件作施工吊装使用。

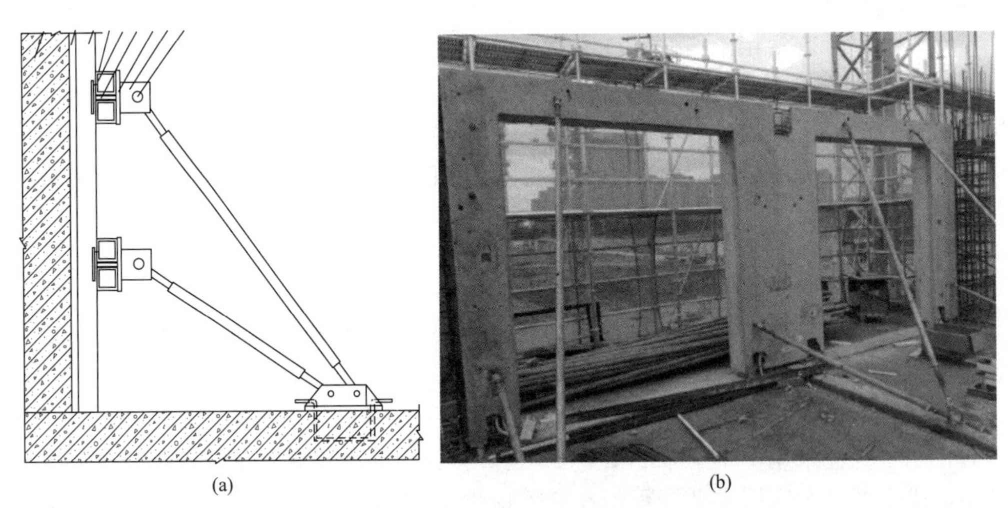

(a)　　(b)

图 7.2.4　临时钢支柱斜支撑示意

（a）临时支撑示意图；（b）临时支撑现场图

（八）建筑物外防护架安全使用

装配整体式混凝土结构在施工过程中所采用的外脚手架既可以采用传统的钢管脚手架系统，也可以采用与预制外墙板相配套的简易防护架，如图 7.2.5 所示。简易外防护架为近年来与装配式建筑相适应的新兴配套产品，充分体现绿色、节能、环保、灵活等特点，其主要解决装配式建筑预制外墙施工的临边防护的问题。其优点是架体灵巧，拆分简便，易于操作，整体拼装牢固，施工人员无须高空拼装作业，安全性高。

1. 外防护构造

（1）外防护架通常由支托架、脚手板、防护栏杆、密目安全网等组成，如图 7.2.6 所示。

（2）外防护支托架通常采用角钢焊接而成，也可采用槽钢、钢管等材料制作，支托架应能保持足够的刚度和承载力。

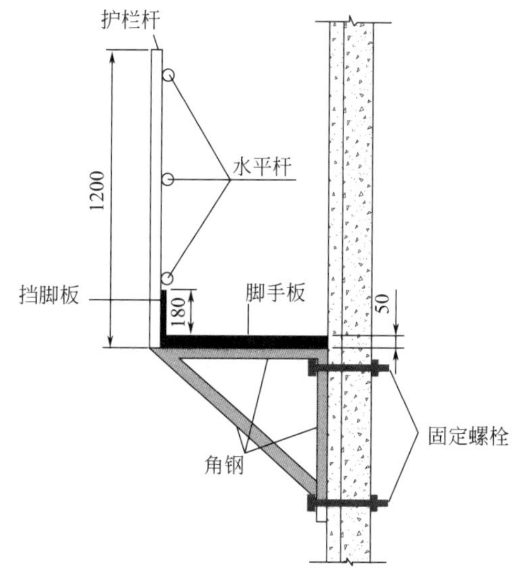

图 7.2.5　外防护架现场图

图 7.2.6　外防护架示意

（3）脚手板宜采用成品钢制脚手板（图 7.2.7），也可采用竹、木脚手板，每块质量不宜大于 30kg。冲压钢制脚手板的材质应符合《碳素结构钢》GB/T 700 中 Q235A 级钢的规定，并应有防滑措施。木脚手板应采用杉木或松木制作，脚手板厚度不应小于 50mm，两端应各设直径为 4mm 的镀锌钢丝箍两道。

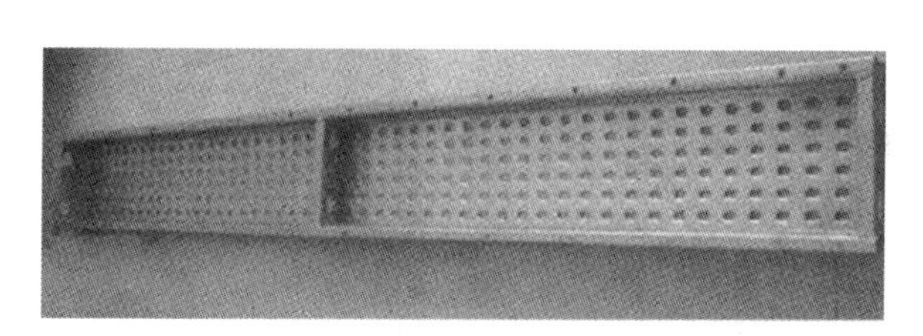

图 7.2.7　钢制脚手板

（4）防护栏杆通常由带底座的 ϕ48.3mm 竖向钢栏杆柱管和水平杆组装而成，扣件采用普通直角扣件。

（5）密目安全网其作用主要以建筑工程现场安全防护为目的，可有效防止建筑现场各种物体的坠落。密目安全网的质量与密度成正比，密度越高，透明度越低的密目网，其质量越好，安全性越高。装配式建筑外防护架密目网可采用高密度聚氯乙烯密目安全网，宜采用钢制密目安全网。密目安全网应沿防护栏杆通长严密布置，不得留有缝隙，且应安装牢固。

2. 外防护架施工工艺流程

外防护架施工工艺流程如下：

预制墙板预留孔清理→支托架安装→脚手板安装→防护栏安装→挡脚板安装→密目安全网安装。

3. 外防护架施工及其要求

（1）预制墙板预留孔清理：在搭设外防护架前，应先根据图纸设计要求对墙体预制构件的预留孔洞进行检查并清理，确保其位置正确、栓孔通畅后方可进行外防护架搭设。

（2）支托架安装：三角支托架与预制外墙采用穿墙螺栓固定牢固，安装时首先将外防护架用螺母与预制墙体进行连接，使用 60mm×60mm×3mm 厚的钢板垫片与螺母进行连接并拧紧。支托架不得固定在砌体结构上；不可避免时，应采取相应的加固措施。支托架安装应垂直于墙体外表面，支托架不应歪斜，相邻支托架安装高度应一致。同一预制外墙板上不得少于 2 个支托架。

（3）脚手板安装：钢制脚手板安装时，脚手板与支托架应采用螺栓进行可靠连接固定。铺设木质脚手板时，脚手板应铺设在满足刚度要求的钢框支架上，并用钢丝将木脚手板与钢框支架绑扎牢固，钢框支架与支托架应可靠固定。脚手板应对接铺设，对接接头处设置钢制骨架加强，为防止杂物坠落，作业层脚手板应铺稳、铺满，距墙距离不宜过大。

（4）外防护栏杆安装：防护栏杆宜由上、中、下三道水平杆及栏杆柱组成，防护栏杆与支架应可靠连接，竖向栏杆施工操作面以上高度不小于 1200mm。水平杆与竖向栏杆可采用扣件连接，上杆离地高度为 1.0～1.2m，下杆离地高度为 0.2～0.4m，中杆居中布置。

（5）挡脚板安装：挡脚板安装前应涂红白相间斜纹标识，挡脚板设置在栏杆底部，宜采用高度不低于 180mm 的挡脚板或 400mm 的挡脚笆。挡脚板与挡脚笆上如有孔眼，不应大于 25mm。挡脚板与挡脚笆下边缘距离操作平台顶面的空隙不应大于 10mm。

（6）密目安全网安装：安全网安装时，密目式安全立网上的每个扣眼都必须穿入符合规定的纤维绳，系绳绑在支撑物或栏杆架上，应符合打结方便、连接牢固、易于拆卸的原则。相邻密目安全网搭接要严密牢靠，不得有缝隙，搭设的安全网，不得在施工期间拆移、损坏，必须等无高处作业时方可拆除。

（7）外防护架组装完毕后，应检查每个挂架连接件是否牢固，与结构连接数量、位置是否正确，确认无误后方可进行后续作业施工。

4. 外防护架拆除及其要求

装配式建筑预制外墙防护架拆除时，首先应使用吊装机械吊稳外防护架，然后由拆装人员从建筑物内部拆除预制外墙上固定三角支托架的穿墙螺栓，最后起吊吊运外防护架至地面后再拆卸外防护架即可。外防护架拆除时应符合下列要求：

（1）预制外墙外防护架拆除过程中，地面应设置围栏和警戒标志，并安排专人看守，严禁非操作人员进入吊装作业范围。

（2）穿墙螺栓拆除前，应确认外防护架与吊索稳固连接，且外防护架上无异物、杂物等，严禁操作人员站立在外防护架上。

（3）外防护架拆除过程中，不得擅自在高空拆分防护架，必须待外防护架整体平稳吊运至地面时，方可拆卸外防护构配件。

（4）有六级及以上强风或雨、雪时，应停止外防护架的拆除作业。

练习题

（一）选择题

1. 装配式建筑设计采用的计算机设计软件是（　　）。

A. SketchUp　　　　B. Photoshop

C. BIM　　D. PKPM

2. 吊机吊装区域内，非作业人员严禁进入；吊运构件时，构件下方严禁站人，应待预制构件降落至离地面（　　）以内方准作业人员靠近，就位固定后方可脱钩。

A. 800mm　　B. 1000mm　　C. 1200mm　　D. 1500mm

3. 吊装作业时，如遇到雨、雪、雾天气，或者风力大于（　　）级时，不得进行吊装作业。

A. 四　　B. 五　　C. 六　　D. 七

4.《建筑施工起重吊装工程安全技术规范》JGJ 276—2012 等文件规定，开始起吊时，应先将构件吊离地面（　　）后暂停，检查起重机的稳定性，制动装置的可靠性，构件的平衡性和绑扎的牢固性等。

A. 200～300mm　　B. 300～500mm　　C. 500～600mm　　D. 700～800mm

5. 装配整体式混凝土结构应采用（　　）进行三维可视化设计，并进行各类设计分析。

A. 建筑信息模型系统（BIM）

B. 制造执行系统（MES）

C. 企业资源计划系统（ERP）

D. 产品全生命周期管理系统（PLM）

6. 预制柱垂直度调节，采用（　　）进行调整。

A. 可调节斜支撑　　B. 撬棍　　C. 垫片　　D. 吊钩

7. 灌浆过程中，每次拌制的灌浆料，宜在（　　）内使用完。

A. 2.5h　　B. 2h　　C. 1h　　D. 0.5h

8. 预制柱吊装工艺：(1) 安装吊钩，(2) 复核轴线标高，(3) 预制柱翻身，(4) 起吊，(5) 就位，(6) 斜撑安装，(7) 垂直度校核，(8) 坐浆封堵、灌浆，正确排序为（　　）。

A. (2) (1) (3) (4) (5) (6) (7) (8)

B. (1) (2) (3) (4) (5) (6) (7) (8)

C. (1) (3) (2) (5) (4) (6) (7) (8)

D. (3) (1) (2) (5) (4) (6) (7) (8)

9. 由 U 形上开口箍筋和Ⅱ形下开口箍筋，共同组合形成的箍筋指的是（　　）。

A. 四肢箍筋　　B. 整体封闭箍筋

C. 组合封闭箍筋　　D. 双肢箍筋

10. 在装配整式剪力墙结构中，预制构件的吊装顺序正确的是（　　）。

A. 预制墙吊装→预制板吊装＋预制梁吊装＋现浇结构工程及机电配管施工→混凝土施工

B. 预制墙吊装→预制梁吊装→预制板吊装＋现浇结构工程及机电配管施工→混凝土施工

C. 预制墙吊装→预制梁吊装→预制板吊装→混凝土施工→现浇结构工程及机电配管施工

D. 预制墙吊装→预制板吊装→预制梁吊装→混凝土施工＋施工现浇结构工程及机电

配管施工

11. 上端钢筋采用直螺纹，下端钢筋通过灌浆料与灌浆套筒进行连接指的是（　　）。

A. 螺旋箍筋约束浆锚搭接连接　　B. 全灌浆连接

C. 半灌浆连接　　D. 金属波纹管浆锚搭接连接

12. 接头试件及灌浆料试件应在标准养护条件下养护（　　）d。

A. 7　　B. 14　　C. 2　　D. 28

13. 当预制板长度大于 4m，底部支撑不应少于（　　）道。

A. 2　　B. 3　　C. 4　　D. 5

14. 下列选项中，关于预制混凝土双 T 板说法错误的是（　　）。

A. 预制混凝土双 T 板由宽大的面板和一根窄而高的肋组成

B. 预制混凝土双 T 板的面板既是横向承重结构，又是纵向承重肋的受压区

C. 双 T 板屋盖有等截面和双坡变截面两种，前者也可用于墙板

D. 在单层、多层和高层建筑中，双 T 板可以直接搁置在框架梁或承重墙上，作为楼层或屋盖结构

15. 目前国内最为流行的叠合板预制底板是（　　）。

A. 桁架钢筋混凝土叠合板　　B. 预制实心平底板混凝土叠合板

C. 预制带肋底板混凝土叠合板　　D. 预制空心底板混凝土叠合板

16. 根据控制线对梁端、梁轴线进行精密调整，误差控制在（　　）以内。

A. 1mm　　B. 3mm　　C. 10mm　　D. 2mm

（二）填空题

1. 利用 BIM 技术制作装配式建筑项目时，需要对预制装配式构件进行编码，装配式建筑部品部件编码应符合唯一性、________、可扩充性、简明性、适用性与规范性的要求。

2. 悬臂结构底模及支架拆除时的混凝土强度要求，达到设计混凝土强度等级值的________方可拆除。

3. 高处作业人员应正确使用安全防护用品，宜采用________操作架进行安装作业。

4. 墙板构件应根据施工要求选择堆放和运输方式。对于外观复杂墙板宜采用插放架或靠放架直立堆放、直立运输。插放架、靠放架应有足够的________、________、________。

参考文献

[1] 中华人民共和国住房和城乡建设部．装配式混凝土建筑技术标准：GB/T 51231—2016 [S]．北京：中国建筑工业出版社，2016.
[2] 中华人民共和国住房和城乡建设部．钢筋锚固板应用技术规程：JGJ 256—2011 [S]．北京：中国建筑工业出版社，2012.
[3] 中华人民共和国住房和城乡建设部．装配式住宅建筑设计标准：JGJ/T 398—2017 [S]．北京：中国建筑工业出版社，2018.
[4] 中华人民共和国住房和城乡建设部．装配式钢结构建筑技术标准：GB/T 51232—2016 [S]．北京：中国建筑工业出版社，2016.
[5] 中华人民共和国住房和城乡建设部．装配式混凝土建筑技术标准：GB/T 51231—2016 [S]．北京：中国建筑工业出版社，2016.
[6] 中华人民共和国住房和城乡建设部．装配式混凝土结构技术规程：JGJ 1—2014 [S]．北京：中国建筑工业出版社，2014.
[7] 刘杨．装配式混凝土建筑全过程实施指南 [M]．北京：中国建筑工业出版社，2019.
[8] 翟传明．装配式建筑配件质量检验技术指南 [M]．北京：中国建筑工业出版社，2020.
[9] 济南市城乡建设委员会建筑产业化领导小组办公室．装配整体式混凝土结构工程工人操作实务 [M]．北京：中国建筑工业出版社，2016.
[10] 济南市城乡建设委员会建筑产业化领导小组办公室．装配整体式混凝土结构工程施工 [M]．北京：中国建筑工业出版社，2018.
[11] 丁晓燕，郝敬锋，雷冰．装配式混凝土结构工程 [M]．北京：中国建材工业出版社，2021.
[12] 刘美霞．装配式建筑预制混凝土构件生产与管理 [M]．北京：北京理工大学出版社，2020.
[13] 中华人民共和国住房和城乡建设部．装配式建筑评价标准：GB/T 51129—2017 [S]．北京：中国建筑工业出版社，2017.
[14] 中华人民共和国住房和城乡建设部．钢筋机械连接技术规程：JGJ 107—2016 [S]．北京：中国建筑工业出版社，2016.
[15] 中华人民共和国住房和城乡建设部．混凝土结构设计规范（2015 年版）：GB 50010—2010 [S]．北京：中国建筑工业出版社，2010.
[16] 中华人民共和国住房和城乡建设部．钢结构设计标准：GB 50017—2017 [S]．北京：中国建筑工业出版社，2017.
[17] 中华人民共和国住房和城乡建设部．钢筋焊接及验收规程：JGJ 18—2012 [S]．北京：中国建筑工业出版社，2012.
[18] 中华人民共和国住房和城乡建设部．钢筋焊接网混凝土结构技术规程：JGJ 114—2014 [S]．北京：中国建筑工业出版社，2014.
[19] 中华人民共和国住房和城乡建设部．钢筋连接用灌浆套筒：JG/T 398—2019 [S]．北京：中国标准出版社，2020.
[20] 中华人民共和国住房和城乡建设部．钢筋机械连接技术规程：JGJ 107—2016 [S]．北京：中国建筑工业出版社，2016.
[21] 国家市场监督管理总局．低合金高强度结构钢：GB/T 1591—2018 [S]．北京：中国标准出版社，2018.
[22] 中华人民共和国住房和城乡建设部．钢筋套筒灌浆连接应用技术规程：JGJ 355—2015 [S]．北京：中国建筑工业出版社，2015.

［23］中华人民共和国住房和城乡建设部．钢筋连接用套筒灌浆料：JG/T 408—2019［S］．北京：中国标准出版社，2020.
［24］中华人民共和国住房和城乡建设部．混凝土结构工程施工规范：GB 50666—2011［S］．北京：中国建筑工业出版社，2011.
［25］中华人民共和国住房和城乡建设部．混凝土结构工程施工质量验收规范：GB 50204—2015［S］．北京：中国建筑工业出版社，2015.